T0194510

essentials

essentials liefern aktuelles Wissen in konzentrierter Form. Die Essenz dessen, worauf es als „State-of-the-Art" in der gegenwärtigen Fachdiskussion oder in der Praxis ankommt. *essentials* informieren schnell, unkompliziert und verständlich

- als Einführung in ein aktuelles Thema aus Ihrem Fachgebiet
- als Einstieg in ein für Sie noch unbekanntes Themenfeld
- als Einblick, um zum Thema mitreden zu können

Die Bücher in elektronischer und gedruckter Form bringen das Expertenwissen von Springer-Fachautoren kompakt zur Darstellung. Sie sind besonders für die Nutzung als eBook auf Tablet-PCs, eBook-Readern und Smartphones geeignet. *essentials:* Wissensbausteine aus den Wirtschafts-, Sozial- und Geisteswissenschaften, aus Technik und Naturwissenschaften sowie aus Medizin, Psychologie und Gesundheitsberufen. Von renommierten Autoren aller Springer-Verlagsmarken.

Weitere Bände in der Reihe http://www.springer.com/series/13088

Thomas Hecht

Elementare statistische Bewertung von Messdaten der analytischen Chemie mit Excel

Thomas Hecht
Berufliche Schulen
Carl-Engler-Schule Karlsruhe
Karlsruhe, Deutschland

ISSN 2197-6708   ISSN 2197-6716   (electronic)
essentials
ISBN 978-3-658-30458-4   ISBN 978-3-658-30459-1   (eBook)
https://doi.org/10.1007/978-3-658-30459-1

Die Deutsche Nationalbibliothek verzeichnet diese Publikation in der Deutschen Nationalbiblio-
grafie; detaillierte bibliografische Daten sind im Internet über http://dnb.d-nb.de abrufbar.

Planung/Lektorat: Desiree Claus
Springer Spektrum ist ein Imprint der eingetragenen Gesellschaft Springer Fachmedien Wies-
baden GmbH und ist ein Teil von Springer Nature.
Die Anschrift der Gesellschaft ist: Abraham-Lincoln-Str. 46, 65189 Wiesbaden, Germany

Was Sie in diesem *essential* finden können

- Grundbegriffe zur Auswertung von Messdaten im Labor
- Excel-Funktionen zur Durchführung aller beschriebenen Tests und Kenngrößen
- Mathematische Zusammenhänge für alle, die es genau wissen wollen
- Beispiele aus der Praxis für

Inhaltsverzeichnis

Grundlagen und Grundbegriffe 1

Traue keiner Statistik, die du nicht selbst gefälscht hast.

Winston Churchill

Die Beurteilung quantitativer Messungen beruht auf der Anwendung statistischer Methoden. Der Gesamtbereich der statistischen Bewertung ist sehr umfangreich, doch dürften häufige Fragestellungen (nicht nur) im (Ausbildungs)labor so oder so ähnlich lauten:

- Ich habe meine Probe drei Mal titriert, wie gebe ich mein Ergebnis an?
- Was mache ich, wenn zwei der Werte übereinstimmen und einer nicht?
- Ich habe beim Extinktionswerte zwischen 0,1 und 1,0 gemessen. Darf ich alle Werte zur Kalibration verwenden?
- Die Zeit wird knapp… Genügt auch eine 1-Punkt-Kalibration?
- Darf/kann/muss ich für die Kalibrationsgerade einen Nulldurchgang erzwingen?
- Ist meine Kalibration überhaupt linear?
- Soll ich den einen komischen Wert drin lassen oder ist das ein Ausreißer?
- Mist, ein Ausreißer… Also alles nochmal von vorne?

Zur Einstimmung sollen zunächst einige Begriffe erläutert werden, die im Zusammenhang mit der statistischen Beurteilung von Messdaten immer wieder auftauchen. Sie werden im täglichen Laborbetrieb nicht unbedingt benötigt. Um über das reine Anwenden von Arbeitsvorschriften hinauszukommen ist ein grundlegendes Verständnis aber sicherlich von Vorteil.

© Springer Fachmedien Wiesbaden GmbH, ein Teil von Springer Nature 2020
T. Hecht, *Elementare statistische Bewertung von Messdaten der analytischen Chemie mit Excel,* essentials, https://doi.org/10.1007/978-3-658-30459-1_1

1.1   Genauigkeit, Richtigkeit und Präzision

Die Genauigkeit ist ein Maß für die Übereinstimmung zwischen dem (einzelnen) Messergebnis und dem wahren Wert der Messgröße. Sie ist das Verhältnis aus der Differenz zwischen Messwert und wahrem Wert zum Messwert:

$$\text{Genauigkeit} = \left| \frac{\text{Messwert} - \text{wahrer Wert}}{\text{Messwert}} \right|$$

Der „wahre" Wert ist hier der Wert, welcher als richtig angesehen wird. Je nach Problemstellung kann dies zum Beispiel die vom Praktikumsleiter eingewogene oder abgefüllte Menge sein oder der Mittelwert aus möglichst vielen Einzelmessungen (die natürlich unter gleichwertigen Bedingungen erhalten wurden). Auch wenn die Formel einfach scheint, lohnt es sich doch, kurz über deren Bedeutung nachzudenken. Wenn der wahre Wert beispielsweise 42 und der Messwert 46,2 beträgt, ist die Differenz 4,2 und die Genauigkeit somit 0,1. Eine zweite Messung ergibt zum Beispiel 42,42, die Differenz beträgt nun 0,42 und die Genauigkeit 0,01. Obwohl also eigentlich eine Ungenauigkeit berechnet wird, spricht man fachsprachlich von Genauigkeit, die (scheinbar paradoxerweise) umso „besser" ist, je kleiner ihr Wert ist.

Die Begriffe Präzision und Richtigkeit hängen eng mit der Genauigkeit zusammen und werden oft in Zielscheiben-Diagrammen dargestellt (Abb. 1.1):

Ein guter Schütze glänzt durch eine hohe Genauigkeit. Das bedeutet: Die Einschüsse liegen zum einen dicht beieinander und zum andern im Mittel nahe dem Mittelpunkt. „Dicht beieinander" bedeutet fachsprachlich „hohe Präzision", „nahe dem Mittelpunkt" bedeutet fachsprachlich „hohe Richtigkeit". Ist z. B. das Visier falsch eingestellt, so können die Einschlüsse zwar dicht beieinander liegen,

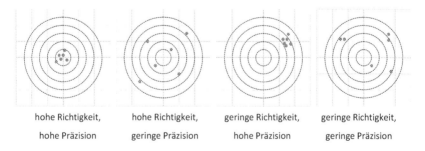

| hohe Richtigkeit, | hohe Richtigkeit, | geringe Richtigkeit, | geringe Richtigkeit, |
| hohe Präzision | geringe Präzision | hohe Präzision | geringe Präzision |

Abb. 1.1 Zielscheiben-Darstellung von Richtigkeit und Präzision

werden jedoch im Mittel eine deutliche Abweichung vom Mittelwert haben. Somit liegt eine geringe Richtigkeit bei hoher Präzision vor. Im Laboralltag wird in der Regel nicht geschossen, die Ergebnisse sind jedoch durchaus übertragbar: Eine geringe Richtigkeit bei hoher Präzision deutet z. B. auf einen systematischen Fehler hin. Erwünscht ist natürlich eine hohe Richtigkeit bei gleichzeitig hoher Präzision oder einfacher formuliert: Eine hohe Genauigkeit. Da eine analytische Bestimmung oft nur eine Art von Wert (z. B. Konzentration) liefert, erfolgt die Darstellung besser als Projektion der (zweidimensionalen) Schießscheibe auf einen (eindimensionalen) Zahlenstrahl (Abb. 1.2):

Wie würde hier nun ein Ergebnis mit niedriger Präzision und hoher Richtigkeit aussehen? Diese Situation ist in der nächsten Abbildung dargestellt (Abb. 1.3):

Dieser Fall ist aufgrund der großen Unterschiede der Messwerte leicht zu erkennen, im realen Leben aber kaum anzutreffen: Selten streuen 4 unpräzis gemessene Wert so „schön", dass deren Mittelwert gerade dem wahren Wert entspricht. Viel eher wird das Ergebnis dann so aussehen (Abb. 1.4):

Abb. 1.2 Darstellung der Ergebnisse einer Messreihe mit hoher Präzision und hoher Richtigkeit als Zielscheibe und im Zahlenstrahl. Die Messwerte sind als Punkte, der Mittelwert ist als Kreuz und der wahre Wert als Quadrat dargestellt

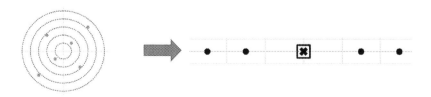

Abb. 1.3 Darstellung der Ergebnisse einer Messreihe mit niedriger Präzision und hoher Richtigkeit als Zielscheibe und im Zahlenstrahl

Abb. 1.4 Darstellung einer unpräzisen, aber richtigen (links) und einer unpräzisen und unrichtigen Messreihe (rechts) im Zahlenstrahl. Der Unterschied des Mittelwertes beruht auf einer einzigen Messung!

Oft sind Probenmengen zudem so bemessen, dass man nur eine sehr begrenzte Anzahl an Messungen durchführen kann – rechts in der Abbildung oben sind es gerade drei, links immerhin vier. Die Auswirkungen sind können beachtlich sein: Aus einer zwar unpräzisen, aber immerhin richtigen Messung wird eine immer noch unpräzise und zudem noch unrichtige Messung, wie der Unterschied zwischen Mittelwert (markiert mit einem Kreuz) und dem wahren Wert (markiert mit einem Quadrat) deutlich zeigt.

1.2   Wahrer Wert, Erwartungswert und Wiederfindungsrate

Was genau ist nun der wahre Wert, der so erstrebenswert ist? Eine Definition ist durchaus nicht trivial, da er selbst im Bereich der Naturwissenschaften in unterschiedlichen Kontexten gebraucht wird. So ist die Frage nach dem wahren Wert der Lichtgeschwindigkeit[1] prinzipiell anders zu verstehen ist als die Frage nach der wahren Konzentration von Chlorid in einer Probe. Da es in diesen essential um eine Art „erste Hilfe" beim Beurteilen von Messdaten geht, soll folgende Definition genügen: In der Qualitätssicherung und Statistik versteht man unter dem wahren Wert den tatsächlichen Merkmalswert unter den bei der Ermittlung herrschenden Bedingungen. Das ist nun eine pragmatische Definition oder (ketzerisch ausgedrückt) das Zugeben der Unmöglichkeit, den wahren Wert im Sinne eines „wirklichen" Wertes exakt zu bestimmen. Der „tatsächliche Wert unter den bei der Ermittlung herrschenden Bedingungen" ist einfach der Wert, der bei sorgfältigem Arbeiten zu erwarten ist und wird daher oft als Erwartungswert bezeichnet.

---

[1]Es sei hier angenommen, dass dieser tatsächlich so exakt und unveränderlich ist, wie es der per Definition festgelegte Wert vermuten lässt.

Das Grundproblem bei jeder Messung besteht also darin, dass empirisch erhobene Daten sich vom wahren Wert immer um systematische und zufällige auftretende Fehler unterscheiden. Formal kann man das mit der Gleichung[2]

$$\text{Messwert} = \text{wahrer Wert} + \text{systematische Fehler} + \text{zufällige Fehler}$$

zum Ausdruck bringen. Das Ziel muss also sein, die Fehler soweit wie möglich bzw. soweit wie nötig zu minimieren. Wie aber kann man nun wissen, ob ein großer oder ein kleiner Fehler vorliegt? Wie lässt sich der angestrebte Fall „hohe Präzision und hohe Richtigkeit" von dem Fall „hohe Präzision und geringe Richtigkeit" unterscheiden?

Eine Möglichkeit ist die Wiederfindungsrate. Sie stellt das Verhältnis zwischen dem (unter Wiederholbedingungen gefundenen) Mittelwert zum tatsächlichen Wert dar:

$$\text{Wiederfindungsrate} = \frac{\text{Mittelwert}}{\text{wahrer Wert}}$$

Da der wahre Wert prinzipiell nicht zugänglich ist, wird hier z. B. die Einwaage als solcher festgelegt. Werden also in einen Messkolben 100 g Natriumchlorid eingewogen und 101 g durch eine Analyse gefunden, so liegt die Wiederfindungsrate bei 1,01 bzw. 101 %. Dies entspricht dann einer Genauigkeit bzw. einer Richtigkeit von 1 % (die Angabe der Präzision wäre bei einer Einzelmessung nicht möglich). Ideal wäre natürlich, eine Wiederfindungsrate von 1,00 (100 %). Ob 1,01 noch zufriedenstellend ist, muss der Anwender entscheiden.

Wiederfindungsraten können übrigens durchaus vom Gehalt des Analyten abhängen, das oben genannte Ergebnis darf nicht dazu verleiten, bei einem durch Analyse gefundenen Gehalt von 50 g ebenfalls von einer Wiederfindungsrate von 1,01 auszugehen.

1.3 Normalverteilung, t-Verteilung und Histogramm

Eine der wichtigsten stetigen Wahrscheinlichkeitsverteilungen ist die Normalverteilung. Sie beruht auf dem so genannten zentralen Grenzwertsatz. Dieser besagt, dass der Durchschnitt einer großen Anzahl an beobachteten Zufallsvariablen, die

---

[2]Für den Merkmalswert gilt das natürlich genauso.

aus derselben Verteilung gezogen wurden, annähernd normalverteilt sein wird. Das bedeutet, dass die gemessen Werte eine Verteilungsfunktion haben, welche der Normalverteilung entspricht. Damit ist im Prinzip auch schon die wichtigste Voraussetzung für alle in diesem Buch noch folgenden Größen und Tests benannt: Fehler dürfen auftreten, diese müssen allerdings zufällig sein. Oder, anders formuliert: Die Ungenauigkeit der Messwerte wird durch zufällige Fehler (geringe Präzision), nicht jedoch durch systematische Fehler (geringe Richtigkeit) hervorgerufen. Die Berechnung der Normalverteilung liefert Werte, welche für die Wahrscheinlichkeit stehen, bei einer Messung einen bestimmten Messwert x zu erhalten. Diese hängt ab vom wahren Wert μ und der Standardabweichung σ ab und lässt sich mit folgender Formel berechnen:

$$f(x) = \frac{1}{\sigma\sqrt{2\pi}} \cdot e^{-\frac{1}{2}\left(\frac{x-\mu}{\sigma}\right)^2}$$

Jede Art von Messung besitzt andere wahre Werte und andere Standardabweichungen. Zum Vergleich unterschiedlicher Messungen werden diese daher standardisiert auf den Erwartungswert Null und die Standardabweichung eins. „Erwartungswert" entspricht hierbei der Abweichung vom wahren Wert, beim Erwartungswert Null ist die Abweichung vom wahren Wert definitionsgemäß null. In diesem Fall vereinfach sich die Gleichung zu

$$f(x) = \frac{1}{\sqrt{2\pi}} \cdot e^{-\frac{1}{2}x^2}$$

Diese als Standard-Normalverteilung bezeichnete Funktion gibt nun die Wahrscheinlichkeit wieder, dass ein Messwert eine bestimmte Abweichung (ausgerückt in Standardabweichungen) vom Erwartungswert μ besitzt, wobei das Maximum der Funktion natürlich beim Erwartungswert liegt.

Eine pragmatische Festlegung erfolgt entweder über die Festlegung der Anzahl an Standardabweichungen oder über die Festlegung des Vertrauensbereichs. In der Praxis sind meist nur wenige Werte relevant (Abb. 1.5):

	Festgelegte Standardabweichung			Festgelegter Vertrauensbereich		
Standardab- weichung	$\pm 1\sigma$	$\pm 2\sigma$	$\pm 3\sigma$	1,65	1,96	2,58
Vertrauensbereich in %	68,26	95,44	99,72	90,0	95,0	99,0

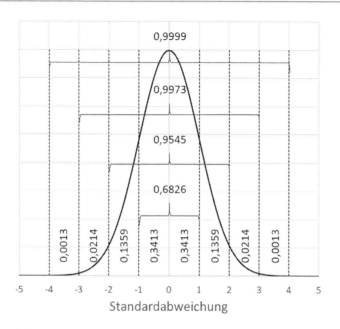

Abb. 1.5 Diagramm des Verlaufs der Standard-Normalverteilung als Funktion der Standardabweichung. Die senkrecht geschriebenen Zahlen stellen die Wahrscheinlichkeiten dar, dass ein Messwert zwischen zwei Standardabweichungen liegt; die waagerechten Zahlen stehen für die aufsummierten Wahrscheinlichkeiten (den Vertrauensbereich) zwischen positiver und negativer Standardabweichung

Diese Zahlen findet man sehr häufig in der entsprechenden Fachliteratur. Dass ausgerechnet eine, zwei oder drei Standardabweichungen häufig vorkommen, hat rein praktische Gründe bzw. ist auch historisch gewachsen. Der Vertrauensbereich wird vor allem in neueren Publikationen verwendet. Hierfür gelten dann 90 %, 95 % und 99 % bei abweichenden Standardabweichungen. Grundsätzlich sind die Werte frei wählbar. Dies sollte aber aus praktischen Gründen zu besserer Vergleichbarkeit der Ergebnisse vermieden werden.

Die Berechnung der Verteilung und der entsprechenden Flächen gelingt mit Excel recht einfach mit folgenden Funktionen:

Excel-Funktion	Bedeutung
=((1/WURZEL(2*PI()))) *EXP(−(Zahl)/2)	Berechnet den Funktionswert der Standard-Normalverteilung
=PHI(Zahl)	Ist die „fertige" Excel Funktion und macht genau das Gleiche
=NORM.VERT(x; Mittelwert; Standardabweichung; WAHR)	Berechnet die Fläche unter der Kurve der Normalverteilung für alle Werte links von x

Die Formel = NORM.VERT zur Berechnung der Fläche liefert nicht direkt das hier gewünschte Ergebnis. Soll die oben gezeigte Kurve der Standard-Normalverteilung erhalten werden. ist als Mittelwert Null und als Standardabweichung Eins einzusetzen. „WAHR" bewirkt, dass die Fläche berechnet wird, und zwar immer diejenige links von x. Um also die Fläche zwischen plus einer und minus einer Standardabweichung zu erhalten, sind zunächst die Flächen bis x = −1 sowie x = +1 zu berechnen; die Differenz zwischen beiden ist dann der gesuchte Wert.

Wie oben schon erwähnt, gilt die Normalverteilung nur für (optimalerweise unendlich) große Stichprobenumfänge. Oft ist der Stichprobenumfang sehr viel kleiner, man denke nur an die berühmt-berüchtigten Aufgaben im Anorganik-Grundpraktikum jedes Chemie-nahen Studiums: „Man nehme einen Aliquot von 25 mL…". Wenn als Probe ein 100 mL Messkolben zur Verfügung steht, reicht diese Menge für gerade mal drei Bestimmungen Was also tun? Probe beim Laborassistenten nachbestellen kann in Ausnahmefällen funktionieren, sehr viel einfacher aber ist es, eine entsprechend angepasste Funktion zu suchen. Diese existiert zum Glück in Form der Student t-Verteilung:

$$f(t) = \frac{\Gamma\left(\frac{v+1}{2}\right)}{\sqrt{v \cdot \pi} \cdot \Gamma\left(\frac{v}{2}\right)} \cdot \left(1 + \frac{t^2}{v}\right)^{-\frac{v+1}{2}}$$

Die Formel wird in Mathematik-Lehrbüchern mehr oder weniger ausführlich erläutert und dient hier nur zur Abschreckung, denn zum Glück verfügt Excel über eine fertige Funktion und wir brauchen sie nicht einmal mühsam einzutippen. Die Excel-Funktion lautet:

Excel-Funktion	Bedeutung
=T.VERT(x; Freiheitsgrade; FALSCH)[a]	Berechnet den Funktionswert der Student-t-Verteilung für den Wert x in Abhängigkeit der Freiheitsgrade (entspricht der Anzahl der Messwerte minus 1)
=T.VERT(x; Freiheitsgrade; WAHR)[a]	Berechnet die Fläche unter der Kurve der Normalverteilung für alle Werte links von x analog der Funktion = NORM.VERT(x; Mittelwert; Standardabweichung; WAHR)

[a]Hier und auch schon vorne tritt in der Excel-Formel der Ausdruck FALSCH bzw. WAHR auf. WAHR liefert jeweils die Summenfunktion (Fläche links von x), FALSCH den Funktionswert an der Stelle x

Die Funktion erfordert die Eingabe des Freiheitsgrades. Zur Erläuterung dieses Begriffs soll folgendes Beispiel dienen: Liegt der Mittelwert eines Wertes bei 5 und zwei von drei Messwerten sind bekannt (z. B. 4 und 5), so ergibt sich der dritte zu $x = 3 \cdot 5 - 4 - 5 = 6$. Messwert Nummer drei ist also eindeutig festgelegt, die Anzahl der Freiheitsgrade daher Null. Ist nur einer der Messwerte bekannt (z. B. 5), so schaut die Sache etwas anders aus: $x = 3 \cdot 5 - 5 - y = 10 - y$. Solange y nicht bekannt ist, kann x prinzipiell jeden Wert annehmen. Die Zahl der Freiheitsgrade ist also eins. Ist nur der Mittelwert und keiner der Messwerte bekannt, so ist die Zahl der Freiheitsgrade zwei, da der Mittelwert ja (in diesem Beispiel) aus drei Messwerten erhalten wurde. Die Zahl der Freiheitsgrade (die als v in der Formel bzw. x in der Excel-Funktion auftaucht) ist also gleich der Zahl der Messwerte minus eins. Wie sich der Funktionsverlauf mit steigender Zahl von Messwerten ändert, ist in der folgenden Abbildung dargestellt (Abb. 1.6).

Dabei fallen vor allem zwei Dinge auf: Bei drei Messungen zeigen sich noch deutliche Unterschiede zwischen der t-Verteilung und der Normalverteilung, auch bei $n = 10$ ist der Unterschiede visuell noch klar zu erkennen. Da die meisten Messungen sich in diesem Bereich abspielen dürften, ist hier die t-Verteilung klar vorzuziehen. Ab etwa $n = 30$ werden die Unterschiede zunehmend vernachlässigbar, sodass diese Verteilung zum Beispiel dann die Situation einigermaßen korrekt beschreibt, wenn zum Beispiel alle Studenten eines Semesters (oder Schüler eine Klasse) unter ansonsten gleichen Voraussetzungen eine Analyse durchführen.

Weiterhin fällt auf, dass vor allem bei kleinem Stichprobenumfang die Student-t-Verteilung deutlich endlastiger ist, als die Normalverteilung. Das bedeutet, dass sie (im Vergleich zur Normalverteilung) eher Werte hervorbringen wird, die weiter vom Mittelwert entfernt liegen.

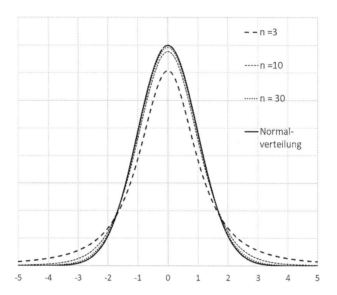

Abb. 1.6 Student t-Funktion in Abhängigkeit vom Stichprobenumfang; bei großem Stichprobenumfang geht die Student-t-Verteilung schnell in die Normalverteilung über

Eine weitere Sache ist zu beachten, wenn von „kleinen" Stichprobenumfang gesprochen wird: Bei einer sehr kleinen Anzahl von Messungen wird sich wohl kaum eine der oben gezeigten Kurven ergeben, vielmehr wird das Ergebnis so oder so ähnlich aussehen, wie die nächste Abbildung zeigt (Abb. 1.7):

Diese Art der Darstellung wird als Histogramm bezeichnet. Die Ähnlichkeit mit der Normal- oder Student-t-Verteilung ist in der Praxis manchmal kaum zu erkennen. Dies hat im Wesentlichen zwei Gründe: Zum einen werden die Messwerte in sogenannte Klassen oder Intervalle eingeteilt. Die Intervallbreite sollte zur Messung bzw. zum Messgerät passen. Wenn ein Volumenmessgerät auf 0,1 mL genau misst, ist es natürlich sinnlos, eine Klassenbreite von 0,01 mL anzusetzen; analog würde man bei einer Klassenbreite von 1,0 Information vernichten, die eigentlich vorhanden ist. Die Wahl der Klassenbreite ist durchaus nicht trivial – das wusste nicht nur Churchill, dem das einleitende Zitat zugeschrieben wird. Neuere Excel-Versionen verfügen übrigens standardmäßig

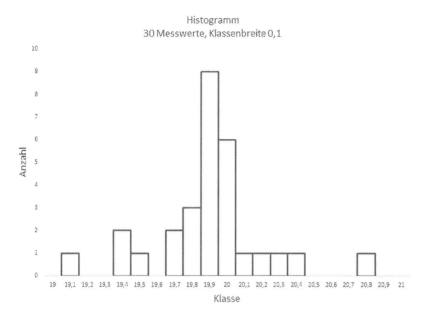

Abb. 1.7 Histogramm von 30 Messungen mit einem Mittelwert von 19,97 und einer Standardabweichung von, 0,36

Messung Nr.	V / mL	Klasse	Häufigkeit
1	20,00	19	0
2	19,90	19,1	1
3	20,00	19,2	0
4	19,80	19,3	0

'=ZAHLENWENNS($C$4:$C$33;">"&E5;$C$4:$C$33;"<="&E6)

Abb. 1.8 Ausschnitt aus einem Tabellenblatt zur Erzeugung eines Histogramms

über diese Diagrammart, zum Erzeugen des Histogramms oben wurde aber ein (mit allen Excel-Versionen funktionierendes) Säulendiagramm verwendet[3]. Die Darstellung ist auch ohne spezielle Analysefunktionen ziemlich einfach. Erforderlich ist lediglich die Festlegung der Klassengrenze durch den Anwender und die Prüfung, zu welcher Klasse ein Wert gehört (Abb. 1.8).

---

[3]Die Säulenüberlappung wurde auf 100 %, der Abstand zwischen den Säulen auf 0 % eingestellt.

Die Funktion = ZÄHLENWENNS(..) prüft, ob ein Messwert (hier: das Volumen in mL) innerhalb definierter Grenzen liegt, die aus den Zellen für die Klassenober- und Untergrenze ausgelesen werden. Als Beispiel für die Syntax ist im rechten Teil der Abbildung die Formel mit dargestellt, die mit entsprechendem Zellenbezug in die Zellen zur Anzeige der Häufigkeit eingetragen ist.

Excel-Funktion	Bedeutung
=ZÄHLENWENN(Kriterienbereich1; Kriterien;…)	Zählt die Anzahl an Zahlen im Kriterienbereich, welche die Kriterien erfüllen. Es muss mindestens ein Kriterium angegeben werden. Zum Auslesen eines Kriteriums aus einer Zelle wird der mathematische Operator in Anführungszeichen gesetzt und durch Verwendung von & mit der Zelle verknüpft

Was bringt das Ganze nun? Vor allem die Erkenntnis, dass sogar 30 Messwerte noch weit davon entfernt sind, eine Normal- oder t-Verteilung ohne weiteres zu erkennen (von 3 oder 4 Messwerten bei der Titration im quantitativen Ausbildungslabor ganz zu schweigen …) oder zu widerlegen. Nun beruhen aber alle im folgenden Teil beschriebenen Verfahren auf eben genau diesen Verteilungen. Daher hat der Anwender eigentlich nicht allzu viele Möglichkeiten: Entweder kann das Vorliegen einer Normalverteilung als sicher angenommen werden, oder er riskiert es, völlig falsch zu liegen, oder er prüft auf Normalverteilung. Liegt keine Normalverteilung vor, sind die im Folgenden besprochenen Verfahren nicht anwendbar. Und auch wenn eine Normalverteilung vorliegt, kann diese Ausreißer beinhalten, durch diese verfälscht worden sein oder durch zukünftige Messungen verfälscht werden. Die gute Nachricht: In der Laborpraxis kommen meist etablierte Methoden zur Anwendung und es liegt in der Regel eine Normalverteilung vor. Falls nicht, kann zum Beispiel ein Trend im Detektor des Spektrometers, die steigende Temperatur des Lösungsmittels in der Bürette oder ähnliches die Ursache sein. Das sind aber alles Dinge, die bei sorgfältigem Arbeiten leicht feststellbar sind oder nicht auftreten. Ausreißer sind dann nicht durch Unachtsamkeit verursacht, sondern zufällig bedingt. Sorgfältiges Arbeiten müssen Sie selbst lernen. Aber für das „leichte Feststellen" kann (und wird) dieses essential eine Hilfe sein.

1.4 Nachweis-, Erfassungs- und Bestimmungsgrenze

Häufig möchte man wissen, bis zu welcher Minimalkonzentration man noch zuverlässig messen kann. „Die" Grenze gibt es nicht, aber Grenzwerte bzw. Grenzkonzentrationen, die Aussagen über die Zuverlässigkeit der Analyse erlauben. Relevant sind hier die Begriffe Nachweis-, Erfassungs- und Bestimmungsgrenze.

Die Nachweisgrenze bezeichnet den Messwert, bis zu dem ein Analyt gerade noch zuverlässig nachgewiesen werden kann. Es handelt sich also um eine Ja/Nein-Entscheidung. Ein Messwert, der an der Nachweisgrenze liegt, hat eine hohe Ungenauigkeit, welche durch ein festgelegtes Signifikanzniveau (Irrtumswahrscheinlichkeit) bestimmt wird. Messwerte (Sachverhalte), die eine größere Ungenauigkeit aufweisen, liegen außerhalb der Nachweisgrenze und werden im Sinne der Messtechnik als unmessbar bzw. nicht nachweisbar bezeichnet[4]. Das bedeutet, dass es „die" Nachweisgrenze nicht gibt, da sie sich stets auf ein bestimmtes Signifikanzniveau bezieht – beziehungsweise sogar zwei, wie aus folgender Definition hervorgeht: „Die Nachweisgrenze ist die kleinste Menge Gehalt einer Probe, die mit einem α-Fehler von 5 % und einem β-Fehler von 50 % qualitativ nachgewiesen werden kann"[5].

Was ist nun unter α-Fehlern, was unter β-Fehlern zu verstehen? Hierbei handelt es sich um zufällige Fehler, die sich in statistischen Unsicherheiten bzw. Irrtumswahrscheinlichkeiten niederschlagen. Der Mittelwert der Messungen des Blindwertes liegt bei oder in der Nähe von Null. Die Wahrscheinlichkeit, dass die nächste Messung mehr als zwei Standardabweichungen über dem Mittelwert liegt, beträgt (wie im vorigen Kapitel gezeigt), ca. 3,8 %; bei einer zulässigen Abweichung von 1,834 Standardabweichungen sind es ziemlich genau 5 %. Dies ist der α-Fehler. Zur Bestimmung des β-Fehlers ist, da von einer Normalverteilung ausgegangen wird, keine Rechnung nötig: Gesucht ist, bei welcher Standardabweichung die Wahrscheinlichkeit, dass die nächste Messung einen größeren Wert als den Mittelwert liefert, 50 % beträgt. Das ist bei der gleichen Standardabweichung der Fall, bei welcher der α-Fehler 5 % beträgt (vgl. senkrechte gestrichelte Linie in der folgenden Abbildung) (Abb. 1.9).

---

[4]Aufpassen: „Nicht nachweisbar" bedeutet nicht, dass nichts vorhanden ist!

[5]Vgl. z. B. http://www.chemgapedia.de/vsengine/vlu/vsc/de/ch/16/bbz/bbz_addin.vlu/Page/vsc/de/ch/16/bbz/bbz_addin_nachweis.vscml/Supplement/2.html (Stand März 2020).

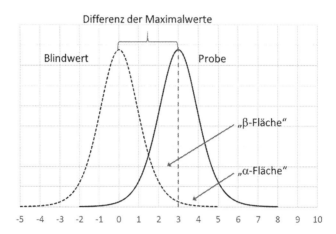

Abb. 1.9 STUDENT-t-Verteilungen von Blindwert und Probe zur Veranschaulichung von α-Fehler und β-Fehler als Fläche unter den Kurven (α-Fehler: kleine Fläche unter der gestrichelten Kurve, β-Fehler: Fläche zwischen der durchgezogenen Kurve und der senkrechten Linie)

Die Nachweisgrenze ist mit einem β-Fehler von 50 % noch sehr irrtumsanfällig: Die Chance, dass die Substanz vorhanden ist, ist genauso groß wie die Chance, dass sie nicht vorhanden ist. Um die Gefahr eines „falsch positiven" bzw. „falsch negativen" Resultates zu verringern, erfolgt stattdessen oft die Angabe der so genannten Erfassungsgrenze. An der Erfassungsgrenze betragen sowohl α- als auch β-Fehler 5 %. Der Unterschied zwischen beiden Grenzen ist in der folgenden Abbildung gezeigt. Während an der Nachweisgrenze nur 50 % Wahrscheinlichkeit besteht, dass der Analyt „wirklich" vorhanden ist, beträgt diese an der Erfassungsgrenze 95 %. Sie gibt also den Mindestgehalt einer entsprechenden Probe an, der mit hinreichender[6] Sicherheit nachgewiesen werden kann (Abb. 1.10).

Wenn nun beide Fehler auf 5 % festgelegt werden, verschiebt sich die links in der Abbildung eingezeichnete senkrechte Linie bei 1,834 s[7] um eben diesen

---

[6]Die Festlegung, was unter „hinreichender Sicherheit" zu verstehen ist, erfolgt durch den Anwender oder die entsprechende Norm, wie z. B. DIN 32465.

[7]Für die Standardabweichung endlicher Stichprobenumfänge wird oft der lateinische Buchstabe s, im Fall der Normalverteilung das griechische α verwendet.

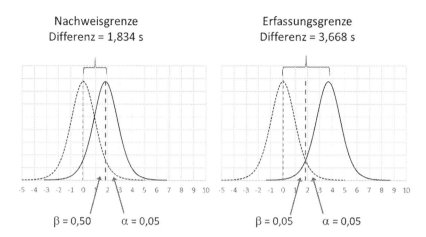

Abb. 1.10 Unterschied zwischen Nachweis- und Erfassungsgrenze

Wert nach rechts, sodass beide Kurven weniger, nämlich nur noch 5 %, überlappen. Der Wert der Erfassungsgrenze ist somit einfach das doppelte der Nachweisgrenze.

Während bei der Erfassungsgrenze und vor allem der Nachweisgrenze der zulässige Fehler weitgehend einheitlich festgelegt ist, trifft dies für die Bestimmungsgrenze nicht zu. Die grundlegenden Zusammenhänge sind jedoch identisch, sodass auch die Berechnung weitgehend anlog erfolgt. Wie das konkret aussieht, ist in Kap. 4 erläutert.

Die Basics

2

Was hier so salopp als Basics bezeichnet wird, gehört in das Gebiet der beschreibenden Statistik (auch deskriptive Statistik genannt). Diese stellt Verfahren zur Verfügung, mit welchen aus Stichproben Kennwerte (z. B. Mittelwerte, Streuwerte) bestimmt werden, sodass sich diese zum Beispiel im Hinblick auf Genauigkeit prüfen lassen. Die Parameterschätzung schließt aus den Kennwerten der Stichprobe auf die Kennwerte der Grundgesamtheit.

2.1 Mittelwerte

2.1.1 Arithmetischer Mittelwert

Der arithmetische Mittelwert ist die Summe aller Messwerte geteilt durch deren Anzahl.

$$\bar{x} = \frac{x_1 + x_2 + \ldots + x_n}{n} \tag{2.1}$$

Mit

$\bar{x}$ $\quad$ = Mittelwert
n $\quad$ = Anzahl der Messwerte
$\sum x_i$ $\quad$ = Summe aller Messwerte

Werden beispielsweise bei einer Titration die Messwerte $V_1 = 20{,}8$ mL, $V_2 = 20{,}8$ mL und $V_3 = 20{,}9$ mL erhalten, berechnet sich der arithmetische Mittelwert zu:

© Springer Fachmedien Wiesbaden GmbH, ein Teil von Springer Nature 2020
T. Hecht, *Elementare statistische Bewertung von Messdaten der analytischen Chemie mit Excel,* essentials, https://doi.org/10.1007/978-3-658-30459-1_2

$$\bar{V} = \frac{V_1 + V_2 + V_3}{N} = \frac{20{,}80 \text{ mL} + 20{,}80 \text{ mL} + 20{,}80 \text{ mL}}{3} = \frac{62{,}5 \text{ mL}}{3} = 20{,}83 \text{ mL}$$

Der arithmetische Mittelwert stellt die Grundlage der Normalverteilungen dar, sodass er (auch von Excel) durchaus mit Recht als „der" Mittelwert bezeichnet wird.

Excel-Funktion	Bedeutung
=MITTELWERT(Zahl1; Zahl2;…)	Berechnet den arithmetischen Mittelwert der Zahlen eines definierten Bereichs

2.1.2 Median

Eine Variante der Mittelwertbildung besteht in der Bildung des Medians. Unter Median versteht man den in der Mitte liegenden Wert der in aufsteigender Reihenfolge geordneten Messwerte. Diesen gibt es natürlich nur bei einer ungeraden Anzahl an Messwerten. Liegt eine gerade Anzahl von Messwerten vor, ist der Median definiert als arithmetisches Mittel der beiden in der Mitte liegenden Messwerte. Die Excel-Funktion kommt mit beiden Möglichkeiten zurecht, die entsprechende Syntax der Funktion lautet:

Excel-Funktion	Bedeutung
=MEDIAN(Zahl1; Zahl2;…)	Berechnet den Median der Zahlen eines definierten Bereichs

Die Unterschiede zwischen beiden Arten der Mittelwertbildung sind durchaus beträchtlich, wie die folgende Abbildung zeigt (Abb. 2.1).

Dies provoziert natürlich die Frage: Wann sollte warum welche Funktion verwendet werden? Zum Glück ist die Antwort ziemlich eindeutig: Da die vorne beschriebene Normalverteilung von (Messdaten) jedem Wert das gleich statistische Gewicht einräumt und die Grundlage (fast) aller im folgenden besprochenen Verfahren ist, ist grundsätzlich der arithmetischen Mittelwertbildung der Vorzug zu geben. Der Median sollte nur in Ausnahmefällen verwendet werden. Werden beispielsweise von einer Probe mehrere Aliquote titriert und wurde der erste Wert als Orientierungstitration durchgeführt (z. B. mit erhöhter Zutropfgeschwindigkeit), sollte dieser Wert gar nicht erst verwendet werden (da er ja unter anderen Bedingungen erhalten wurde). Problematisch

Messwerte in mL	26	24,3	24,34	24,35	24,45
geometrischer Mittelwert in mL	24,688				
Median in mL	24,350				

Messwerte in mL	26	24,3	24,34	24,35	
geometrischer Mittelwert in mL	24,748				
Median in mL	24,345				

Abb. 2.1 Ergebnisse von Mittelwert und Median unter Verwendung der entsprechenden Excel-Funktionen

kann es werden, wenn nach Eliminierung dieses Wertes nur noch ein oder zwei „richtig" gemessene Werte zur Verfügung stehen. In diesem Fall kann (muss aber nicht…) der Median das „bessere" Ergebnis liefern[1], da sonst aufgrund der geringen Zahl an Messwerten das Fehlerrisiko zu groß wird. Ein Vorteil ist auch, dass der Median weniger anfällig für Ausreißer ist. Egal, ob eine Orientierungstitration vorliegt oder übertitriert wurde: In beiden Fällen liefert der Median das „bessere" Ergebnis in dem Sinne, dass er wahrscheinlich näher am wahren Wert liegt als der arithmetische Mittelwert. Aber natürlich gilt auch hier: sauberes, überlegtes Arbeiten ist immer noch die bessere Wahl. Wer eine Orientierungstitration durchführt, weiß das und berücksichtigt es normalerweise.

2.2 Standardabweichung

Bei der Standardabweichung wird unterschieden zwischen der *korrigierten Standardabweichung* s_k und der *unkorrigierten Standardabweichung* s_u. Die *unkorrigierte* Standardabweichung geht davon aus, dass die Grundgesamtheit untersucht wird, die *korrigierte* Standardabweichung geht davon aus, dass Stichproben untersucht werden. Beide Standardabweichungen berechnen sich nach recht ähnlichen Formeln:

$$s_k = \sqrt{\frac{1}{n-1} \cdot \sum (x_i - \bar{x})^2}$$

---

[1]Als Entscheidungskriterium lässt sich zum Beispiel die Wiederfindungsrate verwenden (sofern diese bestimmt werden kann oder bekannt ist).

$$s_u = \sqrt{\frac{1}{n} \cdot \sum (x_i - \bar{x})^2}$$

Mit

s_k = korrigierte Standardabweichung
s_u = unkorrigierte Standardabweichung
x_i = Messwert i
$\bar{x}$ = (arithmetischer) Mittelwert

(In der Literatur wird leider der Index häufig nicht angegeben, sodass beim Nachrechnen etwas Vorsicht angebracht ist.) Werden bei einer Titration (vgl. oben) beispielsweise wieder folgende Messwerte erhalten: $V_1 = 20{,}8$ mL, $V_2 = 20{,}8$ mL, $V_3 = 20{,}9$ mL, so wird, da es sich um Stichproben handelt, die Standardabweichung wie folgt berechnet:

$$s_k = \sqrt{\frac{1}{n-1} \cdot \sum (x_i - \bar{x})^2}$$

$$= \sqrt{\frac{1}{3-1}\left((20{,}80 - 20{,}83)^2 + (20{,}80 - 20{,}83)^2 + (20{,}90 - 20{,}83)^2\right)}\,\text{mL}$$

$$= 0{,}05774\,\text{mL}$$

Hier handelt es sich um die *korrigierte* Standardabweichung. Die *unkorrigierte* Standardabweichung liefert für die Daten aus dem Beispiel einen Wert von 0,04471 mL. Der Grund für den großen Unterschied zwischen beiden Werten liegt in der geringen Zahl von Messungen. Für n = 10 ist der Unterschied schon deutlich kleiner; aber erst für $n \to \infty$ geht die Differenz zwischen korrigierter und unkorrigierter Standardabweichung gegen Null. Excel bietet zur Berechnung beider Standardabweichungen passende Funktionen an:

Excel-Funktion	Bedeutung
=STABW.N(Zahl1; Zahl2;…)	Berechnet die Standardabweichung ausgehend von einer Grundgesamtheit (unkorrigierte Standardabweichung)
=STABW.S(Zahl1; Zahl2;…)	Berechnet die Standardabweichung ausgehend von einer Stichprobe (korrigierte Standardabweichung)

2.3   Relative Standardabweichung

Die relative Standardabweichung, auch als Variationskoeffizient bezeichnet, gibt die (mittlere) prozentuale Abweichung vom (arithmetischen) Mittelwert an und berechnet sich zu:

$$v = \frac{s}{\bar{x}} \text{ bzw.} \tag{2.2}$$

$$v = \frac{s}{\bar{x}} 100\,\% \tag{2.3}$$

Mit

v = Variationskoeffizient in 1 bzw. %
s = Standardabweichung (korrigiert oder unkorrigiert)

Hierfür bietet Excel keine fertige Funktion, die Berechnung erfolgt durch direkte Eingabe der Formel. Dieser Stelle noch ein Wort zu den Einheiten: Mittelwert und Standardabweichung tragen die gleiche Einheit wir die Messwerte, die relative Standardabweichung jedoch nicht.

2.4   Signifikante Ziffern

Digital anzeigende Messgeräte geben Messwerte mit einer bestimmten Zahl von Ziffern an. Analog anzeigende Messgeräte erlauben ein Ablesen nur mit begrenzter Genauigkeit, die oft geschätzt werden muss. Die Anzahl der Ziffern, welche ein Messgerät liefert, werden als Signifikante Ziffern bezeichnet. Als einfaches Beispiel soll eine Masse auf unterschiedlichen Waagen gewogen werden:

Waage Nr	1	2	3
Wahrer Wert	Jeweils 2340,267 g		
Anzeige	2340,3 g	2,3 kg	0,002 t
Signifikante Ziffern	5	2	1

Angenommen, die Waagen wären perfekt, also absolut fehlerfrei. Selbst dann wird aufgrund der begrenzten Anzahl an Ziffern eine Masse von 2349 g auf

Waage 2 zur gleichen Anzeige führen wie eine Masse von 2250 g! Als weiteres
Beispiel sollen unterschiedliche Massen auf Waage 1 gewogen werden:

Masse Nr	1	2	3
Wahrer Wert	2340,267 g	0,267 g	12,345 g
Anzeige	2340,3 g	0,3 g	12,3 g
Signifikante Ziffern	5	1	3

Spätestens hier wird deutlich, dass für jede Messung das richtige Messzeug aus-
zuwählen ist: Die im zweiten Beispiel verwendete (Labor-)Waage sollte z. B.
nicht für Massen unter 10 g verwendet werden, da sonst die Anzahl der signi-
fikanten Ziffern unter 3 liegt.

Besondere Beachtung ist der Ziffer Null zu schenken: Eine Null am Anfang
einer Zahl darf weggelassen werden, eine Null am Ende einer Zahl darf weder
weggelassen noch angehängt werden. 0,08 kg als Anzeige einer Waage sind
also nicht 80 g, sondern $8{\cdot}10^1$ g. Die Anzeige 0,08 kg würde ja bei allen Werten
zwischen 0,075 und 0,084 kg erscheinen, die Abweichung wäre also zum einen
beträchtlich, zum anderen täuscht die Angabe m = 80 g eine nicht vorhandene
Genauigkeit vor[2].

Werden Messwerte miteinander verrechnet, so liefert der Taschenrechner oder
Computer meist sehr viele Ziffern, das Endergebnis ist daher zu runden. Hierbei gilt die Regel: von 0 bis 4 wird abgerundet, ab 5 wird aufgerundet. Soll zum
Beispiel soll 24,2469 soll auf 3 signifikante Ziffern gerundet werden, so ist das
korrekte Ergebnis 24,2.

Was hat das Ganze nun mit Excel zu tun? Alles und nichts... „Nichts", weil
die Beschaffung der Messdaten zunächst einmal wenig mit deren Auswertung
zu tun hat. „Nichts" auch, weil Excel keine Einstellung der Anzahl signifikanter
Ziffern erlaubt. Aber gleichzeitig auch „alles", weil das Konzept natürlich auch
beim Rechnen mit Excel zu beachten ist. Bleibt die Frage nach dem „wie": Hier
ist es zunächst erforderlich, die Anzahl der Ziffern zu kennen, um dann manuell
die entsprechende Formatierung der Zahlen vorzunehmen. Dies ist problemlos
möglich, sollte aber keinesfalls vergessen werden. Ein Rechtsclick auf die zu
formatierende Zelle öffnet folgendes Menü (Abb. 2.2):

---

[2]Die ist übrigens eines der größten Verständigungs- und Verständnisprobleme zwischen
Mathematik (die mir „reinen" Zahlen arbeitet) und Physik (die mit gemessenen Werten
arbeitet).

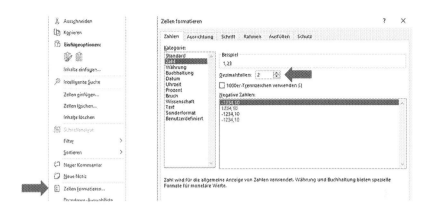

Abb. 2.2 Menüansicht zur Formatierung von Zellen

Dort dann „Zellen formatieren" auswählen und die Anzahl der Dezimalstellen einstellen. Die Möglichkeit der benutzerdefinierten Formatierung erlaubt
übrigens, falls gewünscht, auch die Anzeige von Einheiten.

2.5 Angabe des Analysenresultates I

Wie ist nun das Analysenresultat anzugeben? Optimalerweise so, dass alle
relevanten Information enthalten sind. „Relevant" lässt dem Anwender einen
gewissen Interpretationsspielraum. In der Praxis haben sich die in der Tabelle ent-
haltenen Varianten bewährt (Abb. 2.3).

Messwerte in mL	24,35	24,3	24,34	24,4	24,45
Mittelwert in mL	24,368				
Standardabweichung in mL	0,0581				
relative Standardabweichung in %	0,2382				
Ergebnis	24,37 ml +/- 0,06 mL (1 σ)				
	24,37 mL +/- 0,24 % (1 σ)				

Abb. 2.3 Mögliche Darstellung der Ergebnisse einer Mehrfachbestimmung

Art der Angabe	Allgemein	Beispiel
Absolut	$\bar{x} \pm s(\sigma)$	$V = 20,0 \text{ ml} \pm 1,0 \text{ ml}(\sigma = 1)$ $V = 20,0 \text{ ml} \pm 2,0 \text{ ml}(\sigma = 2)$
Relativ	$\bar{x} \pm v(\sigma)$	$V = 20,0 \text{ ml} \pm 5,0\%(\sigma = 1)$ $V = 20,0 \text{ ml} \pm 10\%(\sigma = 2)$

Grundsätzlich sollte das Resultat mit absoluter oder relativer Standardabweichung angegeben werden. Wie weiter vorne gezeigt, liegen ca. 68 % aller Werte innerhalb eines Bereichs von plus/minus einer Standardabweichung um den Mittelwert. Umgekehrt bedeutet das: Wer die Messung wiederholt, wird mit einer Wahrscheinlichkeit von ca. 32 % einen Wert erhalten, der stärker vom Mittelwert abweicht. Erscheint dieses Risiko zu groß, kann ein entsprechend größerer Bereich gewählt werden. Da er prinzipiell frei wählbar ist, sollte er in geeigneter Form mit angegeben werden, z. B. in Klammern hinter dem eigentlichen Ergebnis. Natürlich kann anstelle der Angabe der Standardabweichungen auch die Wahrscheinlichkeit gewählt werden. Grundsätzlich gibt es hier kein „richtig" oder „falsch", sondern eher ein „geeignet", „nicht geeignet" oder auch „den (formalen) Anforderungen (nicht) entsprechend". Hier gilt: Richtig ist, was der Anwender (Auftraggeber) als richtig definiert.

Auch die Umsetzung in Excel lässt daher einen gewissen Spielraum zu, je nachdem für wen die Informationen bestimmt sind. Die Abbildung zeigt

Abb. 2.4 Formatierung der Zelle zur Angabe des Ergebnisses der vorhergehenden Abbildung

exemplarisch die Auswertung einer Mehrfachtitration unter Verwendung der zuvor beschriebenen Funktionen (Abb. 2.4).

Zur Realisierung des einheitlichen Hintergrundes wurden in der Registerkarte „Ansicht" die Gitternetzlinien ausgeblendet und einzelne Zellen eingefärbt. Zur Angabe der Einheiten „mL", „%" etc. wurden die Zellen mit den Ergebnissen entsprechend formatiert, wie die Abbildung zeigt.

Oft ist diese Art der Auswertung schon ausreichend. Detailliertere Methoden werden im nächsten Kapitel beschrieben.

Diesem Wunsch kommt die beurteilende Statistik nach. Sie stellt Testverfahren zur Verfügung, mit denen sich Entscheidungen treffen lassen. Dabei wird für einen Test eine Hypothese (Vermutung) formuliert und aus den Messdaten eine Prüfgröße berechnet. Diese wird mit einer für den Test spezifischen Vergleichsgröße verglichen. Ziel ist es, die aufgestellte Hypothese anhand des Vergleichs der Prüfgröße mit der Vergleichsgröße zu widerlegen.

3.1 Test auf Normalverteilung

Im ersten Kapitel wurde bereits die Normalverteilung erwähnt und deren Darstellung mit Excel besprochen. Zur Darstellung von realen, diskret verteilten Messwerten wurde das Histogramm eingeführt. Legt man über das Histogramm die Kurve der Normalverteilung für diese Werte, schaut das Ganze zum Beispiel so aus (Abb. 3.1):

Rein visuell sehen die Messungen gar nicht mal so schlecht aus. Ist „nicht schlecht" nun gut genug, eine Normalverteilung anzunehmen? Um diese Frage statistisch fundiert beantworten zu können, wird häufig der so genannte Chi-Quadrat-Test eingesetzt. Mit Chi-Quadrat-Test (kurz χ^2-Test) bezeichnet man eine ganze Gruppe von Hypothesentests, von denen hier nur der so genannte Verteilungstest (auch Anpassungstest genannt) relevant ist. Dieser prüft, ob vorliegende Daten auf eine bestimmte Weise verteilt sind, hier eben die Normalverteilung.

Die Durchführung ist recht einfach, da viele der benötigten Größen bereits im vorangehenden Teil berechnet wurden. Für den eigentlichen Test werden daher

© Springer Fachmedien Wiesbaden GmbH, ein Teil von Springer Nature 2020
T. Hecht, *Elementare statistische Bewertung von Messdaten der analytischen Chemie mit Excel*, essentials, https://doi.org/10.1007/978-3-658-30459-1_3

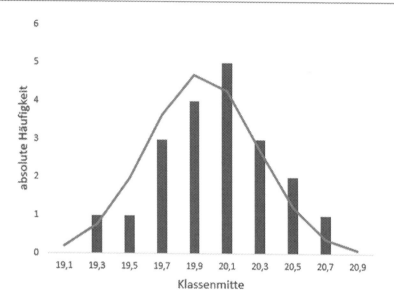

Abb. 3.1 Gemessene (Säulen) und berechnete bzw. erwartete Häufigkeiten (Linie) von Werten, die auf Normalverteilung geprüft werden sollen

lediglich zwei zusätzliche Funktionen zur Berechnung der Normalverteilung und der Chi-Quadrat-Verteilung benötigt.

Excel-Funktion	Bedeutung
=NORM.VERT(x; Mittelwert; Standardabweichung; FALSCH)	Berechnet an der Stelle x (hier die Klassenmitte) die relative Wahrscheinlichkeit für den Wert x
=CHIQ.TEST(Beob_Messwerte;Erwart_Werte)	Führt den Chi-Quadrat-Test durch, benötigt werden die beobachteten Messwerte (hier die Häufigkeiten jeder Klasse) und die erwarteten Werte (berechnet mit der Normalverteilung)

Einen Überblick über den möglichen Aufbau des Tests gibt ein screenshot (Abb. 3.2):

Die Parameter der Messwerte wurden bereits weiter vorne besprochen. Die Parameter der Klassen hängen von Art und Streuung der Messwerte ab, hier

	A	B	C	D	E	F	G	H	I	J
1										
2		*Parameter der Messwerte*			*Parameter der Klassen*			*Auswertung*		
3		Mittelwert		19,945		kleinste Klasse	19,00	Irrtumswahrscheinlichkeit	0,05	
4		Standardabweichung		0,337		größte Klasse	21	Signifikanzniveau	0,95	
5		Anzahl Messwerte		20		Klassenbreite	0,2	Chi-Test	0,97	
6		kleinster Wert		19,30		Anzahl Klassen	10	*normalverteilt*		
7		größter Wert		20,70						
8										

=MITTELWERT(C26:$C$45)
=STABW.S(C27:$C$45)
=ANZAHL(C26:$C$45)
=MIN(C26:C45)
=MAX(C26:C45)

=ABRUNDEN($D$6;0)
=AUFRUNDEN($D$7;0)
=($G$4-$G$3)/10
=ANZAHL(F26:F35)

=1-$J$3
=CHIQU.TEST($G$26:$G$35;$I$26:$I$35)
=WENN($J$4>$J$5;"nicht normalverteilt";"normalverteilt")

Abb. 3.2 Parameter zur Durchführung des Chi-Quadrat-Tests auf Normalverteilung. Die verwendeten Formeln und Funktionen sind im unteren Teil der Abbildung dargestellt

wurde für eine Streuung von 19 bis 21 eine Klassenbreite von 0,2 gewählt, was zu 10 Klassen führt. Im rechten Teil erfolgt der eigentliche Test, hierzu wird die manuell einzugebende Irrtumswahrscheinlichkeit benötigt, die Häufigkeiten, mit denen die einzelnen Klassen auftreten sowie die erwarteten Häufigkeiten (berechnet mit der Funktion = NORM.VERT). Diese werden separat im unteren Teil des Tabellenblattes berechnet, so dass ein fertiges Tabellenblatt so aussehen könnte (auf die Darstellung der Formeln wurde hier verzichtet) (Abb. 3.3):

Im linken unteren Teil sind die Messwerte zu sehen, in der Mitte werden die Klassenobergrenzen und die Klassenmitten berechnet. Dazu wird einfach zur jeweils kleineren Klasse (bei dem Wert 19,2 ist dies die kleinste Klasse) die Klassenbreite von 0,2 addiert. Die Klassenmitte entspricht dem arithmetischen Mittelwert zwischen zwei Klassenobergrenzen. Anschließend wird mit der Funktion = HÄUFIGKEIT die Anzahl der Messwerte gezählt, welche die jeweilige Klasse enthält[1]:

Excel-Funktion	Bedeutung
=MITTELWERT(Zahl1; Zahl2;…)	Berechnet den arithmetischen Mittelwert der Zahlen eines definierten Bereichs

Diese entspricht der *absoluten* Häufigkeit. Die *relative* Häufigkeit ergibt sich nach Division durch die Gesamtzahl der Messwerte (bestimmt mit = ANZAHL).

---

[1]Prinzipiell ist hier auch die Funktion = ZÄHLENWENNS anwendbar.

Parameter der Messwerte		Parameter der Klassen		Auswertung	
Mittelwert	19,945	kleinste Klasse	19	Irrtumswahrscheinlichkeit	0,5
Standardabweichung	0,337	größte Klasse	21	Signifikanzniveau	0,5
Anzahl Messwerte	20	Klassenbreite	0,2	Chi-Test	0,97
kleinster Wert	19,30	Anzahl Klassen	10	*normalverteilt*	
größter Wert	20,70				

Messung Verbrauch / m		Klassen		Häufigkeiten			z²
		Obergrenze	Mitte	absolut	relativ	erwartet	
1	19,50	19,2	19,1	0	0,00	0,203	0,203
2	19,60	19,4	19,3	1	0,05	0,757	0,078
3	19,30	19,6	19,5	1	0,05	1,979	0,484
4	20,70	19,8	19,7	3	0,15	3,637	0,112
5	20,00	20,0	19,9	4	0,20	4,697	0,103
6	20,00	20,2	20,1	5	0,25	4,263	0,128
7	20,00	20,4	20,3	3	0,15	2,719	0,029
8	20,00	20,6	20,5	2	0,10	1,218	0,501
9	20,00	20,8	20,7	1	0,05	0,384	0,989
10	19,80	21,0	20,9	0	0,00	0,085	0,085
11	19,80			Σ = 20	Σ = 1,00	Σ = 19,94	
12	20,20						
13	20,20						
14	20,20						
15	19,80						
16	19,60						
17	20,40						
18	19,60						
19	20,40						
20	19,80						

Abb. 3.3 Vollständiges Tabellenblatt zur Durchführung des Tests auf Normalverteilung

Nun wird noch für jede Klasse die erwartete Häufigkeit benötigt, die mit = NORM.VERT (vgl. Tabelle weiter oben) berechnet und mit der Anzahl an Messwerten und der Klassenbreite multipliziert wird[2].

Die Namensgebende Testgröße χ^2 für eine Klasse berechnet sich nun als das Quadrat der Differenz zwischen gemessener und erwarteter Häufigkeit (wobei es egal ist, ob man jeweils absolute oder relative Werte verwendet), geteilt durch die erwartete Häufigkeit.

$$\chi^2 = \frac{(\text{gemessene Häufigkeit} - \text{erwartete Häufigkeit})^2}{\text{erwartete Häufigkeit}}$$

Auf Basis dieser Werte vergleicht nun die Funktion = CHIQ.TEST die gemessenen mit den berechneten (erwarteten) Häufigkeit und gibt einen Wert

---

[2]Dies ist nötig, um aus der relativen die absolute Häufigkeit zu erhalten.

zwischen 0 und 1 zurück. Dieser lässt sich als Wahrscheinlichkeit dafür interpretieren, dass des sich um eine Normalverteilung handelt. Der Vergleich mit dem vom Anwender festzulegenden Signifikanzniveau liefert also die Information, ob es sich um normalverteilte Werte handelt. Bezüglich der Signifikanzniveaus gelten in der Praxis die gleichen Werte wie beim Test auf Ausreiser:

Positives Ergebnis des $\chi 2$-Tests bei verschiedenen Signifikanzniveaus	Bedeutung: Die Messwerte sind…
<90 %	Wahrscheinlich nicht normalverteilt
90 % bis <95 %	Wahrscheinlich normalverteilt
95 % bis <99 %	Signifikant normalverteilt
≥99 %	Hochwahrscheinlich normalverteilt

Neben der prinzipiell freien Wahl des Signifikanzniveaus soll hier nochmals darauf hingewiesen werden, dass die Anzahl der Messungen natürlich einen sehr großen Einfluss auf die Sinnhaftigkeit des Ergebnisses hat: Drei Messwerte, von denen einer womöglich noch von einer Orientierungsmessung stammt, können zwar formal auf Normalverteilung geprüft werden, sinnvoll ist das natürlich nicht. Empfohlen wird der Test ab etwa fünf bis acht Messwerten. Liegen nicht mehr als 10 bis 20 Messwerte vor ist es durchaus sinnvoll, wenn auch meist nicht gefordert, anstelle der Normalverteilung auf eine t-Verteilung zu prüfen. Der Übergang von der Normal- zur t-Verteilung ist dabei fließend, wie schon in Kap. 1 erläutert.

3.2 Ausreißertests I

Erscheint dem Anwender bei wiederholten Messungen ein Wert verdächtig, so spricht prinzipiell nichts dagegen, diese Messung einfach zu wiederholen. Gerade bei einer geringen Zahl von Messwerten kann das aber zumindest theoretisch dazu führen, dass der „richtige" Wert entfernt und die „falschen" Werte bestätigt werden. Um das Ganze auf etwas festere Füße zu stellen, wurde ein ganzes Arsenal von sogenannten Ausreißertests entwickelt, die alle nur ein Ziel haben: Mit einer (vom Anwender festgelegten) bestimmten Irrtumswahrscheinlichkeit (also dem Restrisiko, mit der Beurteilung doch falsch zu liegen) einen Ausreißer im Datensatz zu erkennen. Im Folgenden werden zwei häufig angewendete Test beschrieben: Die Tests nach GRUBBS sowie NALIMOV erlauben es, in einer Reihe wiederholter Messungen (welche prinzipiell das gleiche Ergebnis liefern sollten) einen Ausreißer zu identifizieren.[3] Beide Tests beruhen auf der (recht ähnlichen) Berechnung einer Prüfgröße, welche durch Vergleich mit einem kritischen Wert dieser Größe die Entscheidung liefert, ob es sich (wahrscheinlich) um einen Ausreißer handelt. Die Irrtumswahrscheinlichkeit ist dabei wieder vom Anwender festzulegen.

3.2.1 GRUBBS

Wesentlicher Schritt des GRUBBS-Tests ist die Berechnung der Prüfgröße G[4]. Für deren Berechnung werden der Mittelwert[5] $\bar{x}$, die Standardabweichung s sowie der Ausreißer verdächtige Wert x_A benötigt:

$$G = \frac{\left|x_A - \bar{\bar{x}}\right|}{s}$$

Die Bestimmung des Ausreißer verdächtigen Wertes mit Excel kann zum Beispiel nach folgendem Schema erfolgen:

- Zunächst werden mithilfe der Funktionen = MAX und = MIN der kleinste und der größte Wert gesucht.
- Die Berechnung von Mittelwert und Standardabweichung erfolgt (wie weiter vorne schon beschrieben) mit den Funktionen = MITTELWERT und = STANDARDABWEICHUNG
- Nun ist herauszufinden, ob der kleinste oder der größte Wert stärker vom Mittelwert abweichen. Das kann zum Beispiel mit der Funktion = WENN erfolgen
- Der Betrag im Zähler lässt sich entweder mit der Funktion = ABS oder mit der Funktion = WURZEL bestimmen (wobei im zweiten Fall die Zahl zunächst zu quadrieren ist)

---

[3]Die Beschränkung auf diese beiden Tests hat unter anderem den Grund, dass beide auf der Student-t-Tabelle basieren, deren Werte mit Excel-Bordmitteln einfach zu berechnen sind.
[4]Der Buchstabe „G" steht hier für Grubbs, ist aber nicht verbindlich. Häufig wird auch PG für „Prüfgröße" o. ä. verwendet.
[5]Zur Berechnung des Mittelwertes werden alle Werte verwendet.

Excel-Funktion	Bedeutung
=MAX(Zahl1; Zahl2;…) =MIN(Zahl1; Zahl2;…)	Bestimmt den kleinsten bzw. größten Wert einer Zahlenreihe
=WENN(Wahrheitstest; Wert wenn wahr; Wert wenn falsch) =WENN(größter Wert – Mittelwert)>(Mittelwert – kleinster Wert);größter Wert; kleinster Wert)	Zeigt in einer Zelle den Wert an, der die größere Abweichung vom Mittelwert hat

Der zweite Schritt besteht in der Bestimmung der Vergleichsgröße G_{krit}. Diese ist für Verschiedene Irrtumswahrscheinlichkeiten tabelliert[6], kann aber auch mit Excel einigermaßen problemlos berechnet werden. Der kritische Wert G_{krit} lässt sich mit folgender Formel berechnen:

$$G_{krit} = \frac{(n-1) \cdot t_{crit}}{\sqrt{n \cdot \left(n - 2 + t_{crit}^2\right)}}$$

Für G_{krit} bietet [7]Excel leider keine fertige Funktion, aber immerhin für t_{krit}. Die zur Berechnung und Prüfung benötigten Funktionen sind in der Tabelle aufgelistet:

Excel-Funktion	Bedeutung
=T.INV(Wahrsch; Freiheitsgrad)	Bestimmt den kleinsten bzw. größten Wert einer Zahlenreihe
=WENN(Wahrheitstest; Wert wenn wahr; Wert wenn falsch) =WENN(größter Wert – Mittelwert)>(Mittelwert – kleinster Wert); größter Wert; kleinster Wert)	Zeigt in einer Zelle den Wert an, der die größere Abweichung vom Mittelwert hat
=WENN(G>G_{krit}; „Ausreißer"; „kein Ausreißer")	Prüft, ob der Wert in der Zelle mit G größer ist als in der Zelle mit G_{krit} und gibt die Information „Ausreißer" oder „kein Ausreißer" aus

---

[6]Vgl. z. B. Küster-Thiel.

[7]Hier ist leider die Nomenklatur nicht ganz einheitlich, für die ersten „Gehversuche" mit dem Grubbs-Test bietet es sich daher an, eine fertige t-Tabelle zur Kontrolle zu verwenden.

Bei der Anwendung dieser Funktion sind allerdings gleich zwei Stolperfallen eingebaut, daher ist etwas Vorsicht geboten:

- Mit Wahrscheinlichkeit ist nicht die Irrtumswahrscheinlichkeit gemeint, sondern das Signifikanzniveau $1-\alpha$.
- Die Anzahl der Freiheitsgrade ist gleich der Zahl der Messwerte minus 2 (der Begriff der Freiheitsgrade wurde weiter vorne schon eingeführt).

Nun ist nur noch G mit G_{krit} zu vergleichen. Ist die Prüfgröße G größer als ihr kritischer Wert, so handelt es sich bei dem verdächtigen Wert um einen Ausreißer. Die Prüfung lässt sich einfach mit einer = WENN-Funktion durchführen, wobei es sich anbietet, die Information in Textform auszugeben.

Das fertige Tabellenblatt könnte dann so aussehen (Abb. 3.4):

Wird ein Ausreißer gefunden, sollte er aus der Stichprobe entfernt und ein neuer GRUBBS-Test mit den verbleibenden Werten durchgeführt werden. Dies sollte so lange geschehen, bis mithilfe des Tests keine Ausreißer mehr entdeckt werden können. Findet man mit diesem Test keinen Ausreißer, so bedeutet dies nicht, dass keiner vorhanden ist: Das Gegenteil von „x ist ein Ausreißer" heißt nicht „x ist kein Ausreißer", sondern „x ist *wahrscheinlich* kein Ausreißer".

Ein Blick in die t-Tabelle oder etwas „spielen" mit der Excel-Funktion zeigt, dass sich durch Ändern der Werte des Signifikanzniveaus durchaus Ausreißer erzeugen oder verschwinden lassen. In der Praxis werden daher meist nur wenige Werte verwendet, deren Ergebnis mit Begriffen wie „wahrscheinlich", „signifikant" und „hoch signifikant" versehen wird:

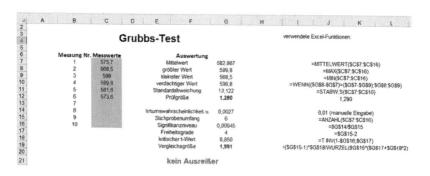

Abb. 3.4 Tabellenblatt zur Durchführung des GRUBBS-Tests

Ergebnis des GRUBBS-Tests bei verschiedenen Signifikanzniveaus	Bedeutung
$G < G_{krit}$ ($\alpha = 10\,\%$)	x_A ist wahrscheinlich kein Ausreißer
G_{krit} ($\alpha = 10\,\%$) $\leq G < G_{krit}$ ($\alpha = 5\,\%$)	x_A ist wahrscheinlich ein Ausreißer
G_{krit} ($\alpha = 5\,\%$) $\leq G < G_{krit}$ ($\alpha = 1\,\%$)	x_A ist signifikant ein Ausreißer
$G \geq G_{krit}$ ($\alpha = 1\,\%$)	x_A ist hochsignifikant ein Ausreißer

Wie schon weiter vorne bei der Angabe des Analysenresultates ist daher natürlich auch bei der Information „Ein Ausreißer wurde erkannt und entfernt" oder „Es wurde kein Ausreißer nachgewiesen" die Angabe des Signifikanzniveaus essentiell.

3.2.2 NALIMOV

Im Laboralltag wird man selten eine Messung zehnmal oder öfter wiederholen, um anschließend in dem erzeugten Datensatz einen Ausreißer zu suchen. Oft begnügt man sich, je nach Anforderung oder subjektivem Vertrauen in die eigenen Werte, mit drei bis fünf Wiederholungen. Für solch kleine Datenmengen ist der GRUBBS-Test weniger geeignet, stattdessen wird die Variante nach NALIMOV vorgeschlagen. Diese ist prinzipiell ab mindestens drei Wiederholungsmessungen geeignet (wobei die Zuverlässigkeit mit der Anzahl der Wiederholungsmessungen steigt). Der NALIMOV-Test (oft auch als „NALIMOV-Variante des GRUBBS-Tests" bezeichnet) unterscheidet sich vom Grubbs-Test lediglich in der Berechnung der Prüfgröße:

$$PG = \frac{|x_A - \bar{\bar{x}}|}{s} \cdot \sqrt{\frac{n}{n-1}}$$

3.3 Normalverteilung und Trendtests

Die hier angewendeten statistischen Methoden beruhen prinzipiell alle auf der Normalverteilung. Meist ist auch davon auszugehen, dass die Messerwerte bei Mehrfachbestimmungen normalverteilt sind. Diese Annahme macht Sinn. Wenn ich bei einer Titration einen Verbrauch von 20,0 mL erhalte, beim nächsten Mal 20,05 und beim dritten Mal 20,1 mL, werden die Unterschiede wahrscheinlich durch kleine Ungenauigkeiten beim Aliquotieren verursacht, oder? Nun, bereits in einem so einfachen Fall sind durchaus Fälle denkbar, die für nicht normalverteilte Werte sorgen: Die drei Aliquote werden an einem heißen Tag unmittelbar hintereinander in ein Probengefäß gegeben, die Titrationen erfolgen in Abständen von zum Beispiel 10 min (man will ja alles richtig machen und titriert bewusst langsam und sorgfältig)… und bemerkt gar nicht, dass sich die Raumtemperatur deutlich erhöht. O. k., moderne Geräte (wer titriert schon noch von Hand…) haben eine Temperaturkompensation eingebaut. Aber vielleicht driftet ja das Sensorsignal? Also doch besser von Hand titrieren? Oder vorsichtshalber beide Methoden? Sicher ist sicher? Das Problem ist: Alle Änderungen können (das ist hier das Stichwort: „können" bedeutet nicht: „müssen") Auswirkungen auf das Ergebnis haben. Daher sind für die Praxis vor allem zwei Dinge anzuraten: Zum einen große Sorgfalt darauf verwenden, dass wirklich alle Wiederholungsmessungen unter gleichen Bedingungen stattfinden. Das minimiert zumindest zufällige Fehler[8] (wenn auch nicht unbedingt die systematischen[9]). Zur Absicherung kann bzw. sollte bei einer größeren Zahl an Messdaten (z. B. tägliches Prüfen einer Waage) ein Test auf Normalverteilung, ein Trendtest oder eine Residuenanalyse (oder auch alles auf einmal…) erfolgen.

3.3.1 Qualitätsregelkarte

Die Qualitätsregelkarte wird oft verwendet, wenn auf eventuell vorhandene zeitabhängige Veränderungen geprüft werden soll. Beim Test auf Normalverteilung ist die zeitliche Reihenfolge nicht relevant. Das bedeutet, dass Werte normalverteilt sein können, aber trotzdem einem Trend unterliegen. Als Konsequenz könnte trotz positivem Test auf Normalverteilung die Richtigkeit sinken. Die Abbildung zeigt je ein Beispiel für einen Datensatz mit bzw. ohne Trend (Abb. 3.5):

Die waagerechten Linien stellen jeweils die oberen und unteren Toleranz-, Eingriffs- und Warngrenzen dar. Im linken Diagramm liegen die ersten ca. 10 Messwerte fast alle unterhalb, die letzten ca. 10 Messwerte fast alle oberhalb des Mittelwertes. Obwohl die Werte normalverteilt sind, liegt eindeutig ein Trend vor. Im Diagramm rechts streuen die Werte statistisch um den Mittelwert, es liegt kein Trend vor. Was bringt das Ganze nun? Reicht es nicht, wenn die Daten normalverteilt sind?

---

[8]Erhöht also Präzision.

[9]D. h. die Richtigkeit (diese kann zum Beispiel über die Wiederfindungsrate geprüft werden).

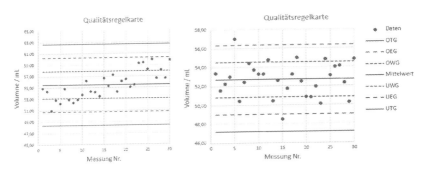

Abb. 3.5 Qualitätsregelkarte einer Messreihe mit (links) und ohne Trend (rechts)

Leider nicht: Liegt ein Trend vor, würden (im Diagramm links) die ersten 10 Werte einen Mittelwert liefern, der sich von dem der letzten 10 Werte unterscheidet. Natürlich macht es bei wenigen (ca. 3–5) keinen Sinn, von Trend zu sprechen. Relevant wird das ganze aber dann, wenn zum Beispiel beim täglichen Prüfen einer Waage die Werte einen Trend aufweisen. Auch wenn die Toleranzgrenze (OTG oder UWG) nicht überschritten wird, sollte der Ursache nachgegangen werden. Ähnlich verhält es sich z. B. auch, wenn nacheinander alle Schüler einer Klasse die gleiche Probe titrieren[10].

Die Umsetzung einer Qualitätsregelkarte in Excel ist ziemlich einfach, besondere (neue) Funktionen werden nicht benötigt. Ein Beispiel für ein Tabellenblatt ist in der folgenden Abbildung dargestellt (Abb. 3.6).

Mittelwert und (relative) Standardabweichung werden berechnet wie im Kap. 2 beschrieben, die weiteren Daten durch Addition bzw. Subtraktion einer, zwei bzw. drei Standardabweichungen zum bzw. vom Mittelwert. Natürlich sind, je nach Anwendung auch andere Werte für die Grenzen möglich. Ebenso gibt es viele Fälle, in denen es Sinn macht, anstelle des Mittelwertes einen Sollwert zu verwenden, zum Beispiel beim Prüfen von Waagen (Abb. 3.7)[11].

Leider sind es bei Excel manchmal die einfachen Dinge, die etwas umständlich zu realisieren sind. Zur Darstellung der waagerechten Linien werden je mindestens zwei Punkte benötigt, die durch eine Line verbunden werden

---

[10]Z.B. weil nur ein Tritrationsgerät zu Verfügung steht.
[11]DAS Paradebeispiel hierfür hat William Sealy Gosset (der „Erfinder" der Student-t-Verteilung) geliefert: Er untersuchte die Abfüllmengen in der Guiness-Brauerei.

Messwerte		Statistische Kenngrößen	
Messung Nr.	Volumen / mL		
1	53,39	Mittelwert	52,69 mL
2	51,58	Standardabweichung	1,83 mL
3	52,23	rel. Standardabweichung	3,47 %
4	53,00		
5	57,00	**Daten für Regelkarte**	
6	50,45	Obere Toleranzgrenze	58,17 mL
7	52,42	Obere Eingriffsgrenze	56,34 mL
8	54,41	Obere Warngrenze	54,51 mL
9	53,70	Mittelwert	52,69 mL
10	53,29	Untere Warngrenze	50,86 mL
11	53,29	Untere Eingriffsgrenze	49,03 mL
12	54,79	Untere Toleranzgrenze	47,20 mL
13	50,46		

Abb. 3.6 Möglicher Aufbau eines einfachen Tabellenblattes für eine Qualitätsregelkarte

(die Markierungen werden einfach ausgeblendet). Die hierfür benutzten Daten lassen sich aber zum Beispiel unten auf dem gleichen oder auf einem weiteren Tabellenblatt „verstecken".

3.3.2   Residuenanalyse

Bei der (grafischen) Residuenanalyse wird zunächst der Mittelwert der Messwerte bestimmt. Anschließend wird die Differenz der Messwerte zum Mittelwert berechnet und grafisch aufgetragen. Liegen keine systematischen Fehler wie z. B. ein Trend in der Empfindlichkeit des Sensors, eine Dichteänderung der Standards durch Temperaturänderung etc. vor, so sollten für Abweichungen vom Mittelwert nur zufällige Fehler verantwortlich sein. Für die Residuen wird dann erwartet, dass sie zufällig um den Mittelwert schwanken. Verdächtige Werte (Ausreißer können) oft schon visuell erkannt werden.

Eine Residuenanalyse prüft daher auf Präzision, nicht jedoch auf Richtigkeit. Häufig werden die Residuen als Säulendiagramm dargestellt, spezielle Excel-Funktionen sind zur Durchführung nicht erforderlich (Abb. 3.8).

Abb. 3.7 Hilfswerte
zur Darstellung der
waagerechten Linien

Daten für waagerechte Linien

	x	y
OTG	1	58,17 mL
	30	58,17 mL
OEG	1	56,34 mL
	30	56,34 mL
OWG	1	54,51 mL
	30	54,51 mL
Mittelwert	1	52,69 mL
	30	52,69 mL
UWG	1	50,86 mL
	30	50,86 mL
UEG	1	49,03 mL
	30	49,03 mL
UTG	1	47,20 mL
	30	47,20 mL

Prinzipiell liefert ein Residuenplot natürlich keine Informationen, die nicht auch die reinen Zahlenwerte liefern können[12]. Der große Vorteil liegt einfach darin, dass Auffälligkeiten im wahrsten Sinne ins Auge fallen. Falls gewünscht, lässt sich diese visuelle Prüfung beliebig erweitern. Eine einfache Erweiterung besteht zum Beispiel darin, die Summe oder die Quadratsumme der Residuen zu bilden. Die Summe kann Null werden, wenn sich positive und negative Residuen ausgleichen, die Quadratsumme aber nur dann, wenn alle Residuen Null sind (was genauso schön wäre wie es unwahrscheinlich ist). Eine mögliche Art der tabellarischen Darstellung zeigt die nächste Abbildung (Abb. 3.9).

Der im Diagramm deutlich auffällige Messwert kann in der Tabelle schon mal übersehen werden. Handelt es sich hierbei nun um einen Ausreißer oder nur um einen auffälligen Wert? Helfen kann hier ein Ausreißertest, wie er oben bereits beschrieben wurde.

---

[12]Was natürlich für jede Art von Diagrammen gilt…

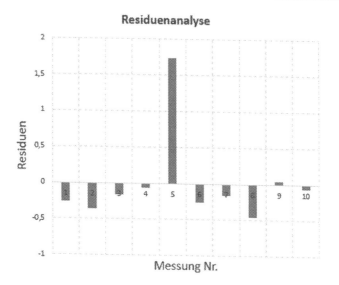

Abb. 3.8 Säulendiagramm einer Residuenanalyse

3.3.3 Trendtest nach Neumann

Residuenanalyse und Qualitätsregelkarte können durchaus als visueller Trendtest genügen: Wenn die Sache eindeutig ist, weil ein Überschreiten definierter
Toleranzgrenzen vorliegt, kann schon eine Entscheidung getroffen werden. Ist
ein Trend visuell nicht eindeutig zu erkennen oder fordert es zum Beispiel die
Vorgabe der Qualitätssicherung, kann der Trendtest nach Neumann bei der Entscheidung helfen.

Wie immer wird eine Prüfgröße berechnet. Benötigt werden dazu die Summe
der quadrierten Nachbarschaftsabstände Δ^2 der Messgrößen (daher y!)

$$\Delta^2 = \frac{\sum (y_{i+1} - y_i)^2}{n - 1}$$

und deren Varianz s^2:

$$s^2 = \frac{\sum (y_i - \bar{y})^2}{n - 1}$$

Der Quotient aus beiden ist die Prüfgröße N des Neumann-Tests.

Messung Nr.	Messwert	Residuen	Quadrierte Residuen
1	20	-0,26	0,0676
2	19,9	-0,36	0,1296
3	20,1	-0,16	0,0256
4	20,2	-0,06	0,0036
5	22	1,74	3,0276
6	20	-0,26	0,0676
7	20,1	-0,16	0,0256
8	19,8	-0,46	0,2116
9	20,3	0,04	0,0016
10	20,2	-0,06	0,0036

Mittelwert	20,26
Summe der Residuen	-1,4211E-14
Quadrat der Summe	2,0195E-28
Summe der Quadrate	3,564

Abb. 3.9 Daten des Residuenplots der vorhergehenden Abbildung

Messwerte		Hilfsgrößen	
Messung Nr.	Masse / g	Anzahl	10
1	10,00	Δ^2	7,25
2	12,00	Varianz	0,79
3	11,00	α	0,05
4	12,00	N	9,158
5	11,50	$t_{\alpha, n+1}$	1,796
6	11,00	N_{krit}	1,0765
7	10,50		
8	10,00	**Ergebnis**	
9	9,50		
10	10,00	Trend?	nein

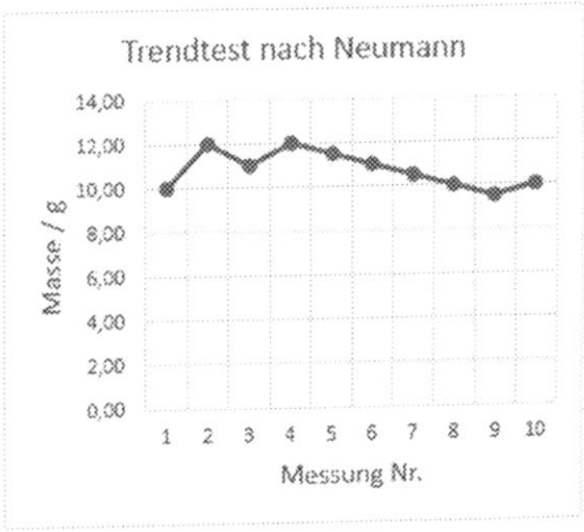

Abb. 3.10 Tabellenblatt zur Durchführung des Neumann-Test mit optionalem Diagramm

$$N = \frac{\Delta^2}{s^2}$$

Wie schon bei den Ausreißertests wird auch hier die Prüfgröße mit einem kritischen Wert verglichen, der tabelliert ist oder sich mit folgender Näherungsformel berechnen lässt (leider verfügt Excel für diesen Test nicht über die passende Funktion):

$$N_{\text{krit}} = 2 - 2 \cdot \left(\frac{n^2 - 4}{n^2 - 1} \right) \cdot \frac{t_{\alpha, n+1}}{\sqrt{1 + n + t_{a, n+1}^2}}$$

Die gute Nachricht: Für den Test werden keine neuen Funktionen benötigt und die Realisierung des Tests in Excel erfordert einen recht geringen Aufwand (Abb. 3.10):

Ein Trend liegt dann vor, wenn die Prüfgröße N den kritischen Wert N_{krit} unterschreitet, was am einfachsten durch eine =WENN-Anweisung mit Textausgabe geprüft wird. Da der kritische Wert vom Student t-Faktor und dieser wiederum von Signifikanzniveau abhängt, ist α stets mit anzugeben, auch hier werden meist die „üblichen" Werte 90 %, 95 % und 99 % verwendet.

3.4   Vertrauensbereich

Mit Vertrauensbereich ist das Intervall um den Mittelwert gemeint, innerhalb dessen sich der wahre Wert mit einer vorgegebenen statistischen Sicherheit befindet. Die Vertrauensgrenzen sind dann „nach oben" und „nach unten" gleich weit vom Mittelwert entfernt, wenn die Daten normalverteilt sind. Das liefert neben den in Kapitel zwei bereits genannten eine weitere Möglichkeit zur Angabe des Analysenresultates:

$$VB = \bar{x} \pm \Delta VG$$

bzw.

$$VB = \bar{x} \pm \frac{t(P,f)}{\sqrt{n}}$$

Der Vertrauensbereich ist also der Mittelwert plus/minus des Quotienten aus dem Student t-Faktor und der Wurzel der Anzahl an Messungen. Der Vorteil dieser

Daten für Vertrauensbereich   **Analysenresultat**

Mittelwert =	1,234 g/mL
ΔVG =	0,004 g/mL
P =	90 %
t =	1,83

ρ = 1,234ml + 0,004 g/mL (P = 90 %, t = 1,83)

=$D$4&"ml + "&$D$5&" g/mL (P = "&$D$6&" %, t = "&$D$7&")"

Abb. 3.11 Möglicher Aufbau eines Tabellenblattes zu Angabe des Vertrauensbereichs

Angabe ist hier der Student-t-Faktor, da dieser ja direkt von der Anzahl der Mess-werte (genaugenommen: Freiheitsgrade) abhängt. Wird beispielsweise die Dichte einer Flüssigkeit zehn Mal bestimmt, so lässt sich das Ergebnis in der Form

$$\varrho = 1,234\,\frac{g}{mL} \pm 0,004\,\frac{g}{mL}\,(P = 90\,\%,\ t = 1,83)$$

angeben. Es bedeutet, dass der wahre Wert der Dichte mit einer Wahrscheinlich-keit von 90 % zwischen

$$= 1,234\,\frac{g}{mL} + 0,004\,\frac{g}{mL}$$

und

$$= 1,234\,\frac{g}{mL} - 0,004\,\frac{g}{mL}$$

liegt. Der Vorteil gegenüber der Angabe des Resultates aus Kap. 2 liegt darin, dass hier die Anzahl der zugrunde liegenden Messwerte direkt mit eingeht. Die Berechnung aller Größen wurde bereits weiter vorne erläutert, daher ist hier nur ein Vorschlag zur Darstellung und Formatierung gezeigt (Abb. 3.11):

Im linken Teil sind alle Daten eingetragen, die für das Ergebnis im rechten Teil verwendet werden. Um das Ergebnis in der dargestellten Form zu erhalten, wurden Zellenbezüge (diese enthalten nur die Daten) und Einheiten (die in Anführungszeichen stehen) mit „&" verkettet. In der Abbildung ist unten rechts die benutzerdefinierte Formatierung dargestellt; auch hier wird die Ein-heit in Anführungszeichen angehängt. Ein kleiner Wehrmutstropfen bleibt: Jede Zelle muss separat formatiert werden, ein Bezug beispielsweise auf die formatierte Zelle mit dem Mittelwert in g/mL würde nur den Zahlenwert liefern (Abb. 3.12).

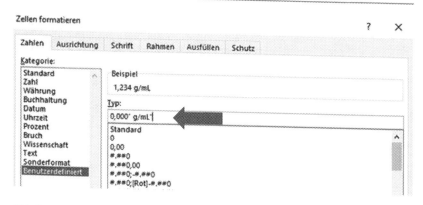

Abb. 3.12 Benutzerdefinierte Formatierung von Zellen

Noch ein letzter Hinweis zur Formatierung: Einheiten lassen sich zwar anzeigen, werden aber bei der Berechnung nicht berücksichtigt. Also aufpassen beim Berechnen!

Regressionsanalyse

4

> *Der Storch bringt die Kinder zur Welt (r = 0,62)*
>
> Robert Matthews

Die lineare Regression dient in ihrer einfachsten Form dazu, die Parameter der Geradengleichung zu erhalten. Damit kann man schon arbeiten, d. h. Konzentrationen usw. berechnen. Je nach eigenem oder vorgegebenem Anspruch sind aber weitere Verfahren empfehlenswert, um das Ergebnis abzusichern. Wichtige Methoden hierzu sind im Folgenden erläutert. Die meisten Kalibrationsverfahren liefern lineare Zusammenhänge oder können darauf zurückgeführt werden können. Daher steht hier die lineare Regression im Mittelpunkt.

4.1 Lineare Regression

Die lineare Regression hat vordringlich das Ziel, die „beste" Gerade und deren Parameter für einen Datensatz zu ermitteln. Diese Parameter, wie sie wohl täglich tausendfach (oder eher millionenfach?) bestimmt werden, lassen sich mit Excel mindestens auf zwei Arten einfach durchführen[1]. Entweder man stellt die Funktion im Diagramm dar und lässt sich zusätzlich die relevanten Parameter angeben oder man lässt die gewünschten Parameter in Zellen berechnen. Die erste Variante hat den Vorteil der etwas schnellen Durchführung und der

---

[1]In Routinebetrieb wird eher selten auf Linearität geprüft und mit den Messdaten direkt die lineare Regression durchgeführt. Aufgrund ihrer großen Bedeutung für die Praxis erhält sie daher ein eigenes Kapitel.

© Springer Fachmedien Wiesbaden GmbH, ein Teil von Springer Nature 2020
T. Hecht, *Elementare statistische Bewertung von Messdaten der analytischen Chemie mit Excel*, essentials, https://doi.org/10.1007/978-3-658-30459-1_4

Visualisierung der Ergebnisse, die zweite bietet den Vorteil, dass mit Werten, welche in Zellen berechnet werden, weitere Berechnungen einfacher durchführbar sind.

In der Abbildung ist beispielhaft der Ausschnitt aus einem Excel-Tabellenblatt zur Auswertung einer fotometrischen Kalibration incl. Berechnung der Konzentration einer Probe dargestellt. Nach Erstellen des Diagramms (mit Einfügen – Diagramme – Punkt(XY), am besten vorher die Werte markieren) lässt sich die Regressionsgerade ganz einfach erzeugen durch Click auf einen beliebigen Punkt der Datenreihe. Aufpassen, im sich öffnenden Kontextmenü fehlt der Eintrag „Regressionsgerade", da diese in Excel als „Trendline" bezeichnet wird (und auch nicht unbedingt eine Gerade sein muss) (Abb. 4.1).

Nach der Auswahl von „Trendlinie hinzufügen" öffnet sich ein Kontextmenü, das mit den Standardeinststellungen übernommen werden kann. „Standardmäßig" bedeutet, dass eine lineare Ausgleichfunktion (wie vorne beschrieben) zugrunde gelegt wird. Wenn gewünscht, können auch die Gleichung der Geraden und das Bestimmtheitsmaß im Diagramm dargestellt werden. Vorsicht ist beim Menüpunkt „Schnittpunkt" geboten: Hier sollte auf keinen Fall der Haken gesetzt werden, da sonst ein Nulldurchgang der Geraden erzwungen wird

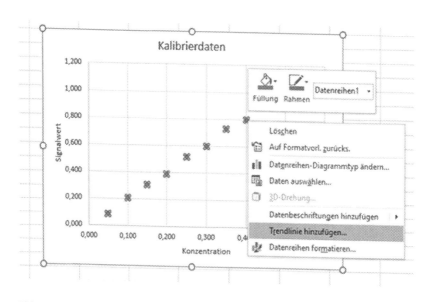

Abb. 4.1 Hinzufügen einer Trendline nach Click auf einen Datenpunkt

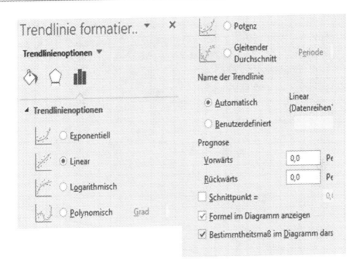

Abb. 4.2 Empfohlene Parameter für eine lineare Regression mit Anzeige von Formel und Bestimmtheitsmaß im Diagramm

und dieser Punkt auch in die Berechnung der Parameter eingeht. Anstelle von Null kann zwar auch ein anderer Wert gewählt werden, dies ändert jedoch nichts an dem grundlegenden Problem, das sich wie folgt darstellt: Die der Berechnung zugrunde liegenden Formeln gehen davon aus, dass die x-Werte (= Einwaagen, Konzentrationen usw.) exakt, die y-Werte (= Extinktionen usw.) zufallsbedingten Schwankungen unterworfen sind. Wird jedoch ein Nulldurchgang erzwungen, so ist dieser (und nur dieser) fix, d. h. ohne Fehler. Dadurch erhält er ein anderes statistisches Gewicht, was natürlich zu Abweichungen führt. Dies ist im Übrigen auch der Grund, weshalb die Konzentrationen bei einer Kalibration in der Regel äquidistant zu wählen sind. [2] Ein weiteres Problem besteht darin, dass bei vielen Kalibrationen zu gewährleisten ist, dass der Messwert des kleinsten Standards oberhalb von Nachweis-, Erfassungs- und Bestimmungsgrenze liegen, was im Falle des erzwungenen Nulldurchganges nicht zutrifft (Abb. 4.2).

Das fertige Diagramm könnte dann zum Beispiel so aussehen, wie in der nächsten Abbildung dargestellt. Die Regressionslinie wird standardmäßig als

---

[2] Es gibt auch Kalibration mit nicht-äquidistanten Konzentrationen, diese sind dann allerdings komplizierten in der Auswertung.

gestrichelte Linie dargestellt und die Parameter werden mit vier Dezimalstellen angegeben (beides lässt sich natürlich ändern). Die Messpunkte sollten übrigens nicht verbunden werden, auch das hat zwei Gründe: Zum einen wird das Diagramm dadurch unübersichtlicher, zum anderen werden damit Werte suggeriert, die weder durch Rechnung noch durch Messung belegt sind.

Die Regressionsgerade wird mathematisch durch die allgemeine Geradengleichung beschrieben:

$$y = m \cdot x + b \qquad (4.1)$$

Mit

y = abhängige Größe bzw. Messwert
x = unabhängige Größe
m = Steigung der Geraden
b = Ordinatenabschnitt (Schnittpunkt der Geraden mit der y-Achse).

Überträgt man diese auf beispielsweise eine photometrische Bestimmung, so wird daraus:

$$E = m \cdot c + b \qquad (4.2)$$

Mit

E = abhängige Größe: Extinktion E
c = unabhängige Größe: Konzentration c.

Diese Form der Gleichung wird auch als Kalibrierfunktion bezeichnet. Ziel der linearen Regression ist zunächst, die Kalibrierfunktion zu erhalten. Aufgabe des Anwenders ist dann, mit Hilfe der nach x bzw. c umgestellten Form aus der Extinktion die Konzentration zu berechnen:

$$c = \frac{E - b}{m} \qquad (4.3)$$

Die Berechnung von Steigung und Achsenabschnitt lässt sich manuell durchführen. Die Steigung der Regressionsgeraden berechnet sich zu

$$m = \frac{\sum (x_i \cdot y_i) - \left[\frac{\sum y_i \cdot \sum x_i}{N} \right]}{\sum (x_i) - \frac{(\sum x_i^2)}{N}} \qquad (4.4)$$

mit

y_i = abhängige Größe/Extinktion Kalibrationslösung (Standard) i
x_i = unabhängige Größe: Konzentration Kalibrationslösung (Standard) i
N = Anzahl der Kalibrationslösungen (Standards).

Der Ordinatenabschnitt wird im Anschluss aus der Steigung und den Mittelwerten der abhängigen und der unabhängigen Größen durch Umstellen der Geradengleichung bestimmt:

$$b = \bar{y} - m \cdot \bar{x} \tag{4.5}$$

Mit

$\bar{y}$ $= \frac{\sum y_i}{N}$

$\bar{x}$ $= \frac{\sum x_i}{N}$

N = Anzahl der Kalibrationslösungen (Standards)

Ein ganz Wesentlicher (wenn auch häufig in seiner Bedeutung überschätzter) Parameter der Regression ist das Bestimmtheitsmaß, das oft im Diagramm zusammen mit der Formel angezeigt ist (Abb. 4.3).

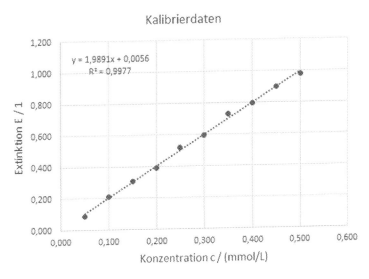

Kalibrierdaten

$y = 1,9891x + 0,0056$
$R^2 = 0,9977$

Abb. 4.3 Mögliche Darstellung eines fertigen Kalibrierdiagramms

Excel-Funktion	Bedeutung
=STEIGUNG(Y_Werte;X_Werte)	Bestimmt die Steigung eines Datensatzes von y- und x-Werten
=ACHSENABSCHNITT(Y_Werte;X_Werte)	Bestimmt den Achsenabschnitt eines Datensatzes von y- und x-Werten
=BESTIMMHEITSMASS(Y_Werte;X_Werte)	Berechnet das Bestimmheitsmaß r^2 eines Datensatzes von y- und x-Werten
=KORREL(Matrix1;Matrix2)	Berechnet den Korrelationskoeffizienten r eines Datensatzes von y- und x-Werten
=PEARSON(Matrix1;Matrix2)	Berechnet den PEARSONschen Korrelationskoeffizienten r eines Datensatzes von y- und x-Werten
="y = "&(STEIGUNG(Y_Werte; X_Werte))&" · x + "&ACHSEN-ABSCHNITT(Y_Werte; X_Werte)	Kombinierte Ausgabe von Text und berechneten Werten, hier zur Angabe der Geradengleichung

Dieses wird von Excel durch die Funktion = BESTIMMHEITSMASS berechnet. Es entspricht dem Quadrat des Korrelationskoeffizienten, welcher ein Maß dafür darstellt, wie gut die verwendete Ausgleichfunktion die Daten beschreibt. Der Korrelationskoeffizient kann Werte von -1 bis $+1$ annehmen, das Bestimmheitsmaß demzufolge Werte von 0 bis $+1$. Je geringer der Unterschied zwischen den Messwerten und den mithilfe der Trendlinie berechneten Werten ist, umso näher liegt der Wert bei 1. Natürlich wird ein „guter" Wert dann erreicht, wenn die Kalibration „gut" ist. Durch die Quadrierung ist das Bestimmtheitsmaß ein schärferes Kriterium als der Korrelationskoeffizient. Warum er trotzdem etwas kritisch gesehen werden sollte, wird in Abschn. 4.4 erläutert.

4.2 Nichtlineare Regression

Oft ist der Zusammenhang zwischen unabhängiger und abhängiger Größe nicht linear. Ein Beispiel, bei dem dies oft übersehen wird, ist die Fotometrie: Konzentration und Absorption sind nicht linear zueinander. Daher wird als Maß für den nicht durchgelassenen Anteil an Strahlung nicht die Absorption, sondern die Extinktion verwendet, daraus ergibt sich das bekannte LAMBERT-BEERsche Gesetz. Als weiteres Beispiel sei die Temperaturabhängigkeit des Dampfdrucks genannt. Der Zusammenhang ist in der hier gezeigten Abbildung links dargestellt (Abb. 4.4).

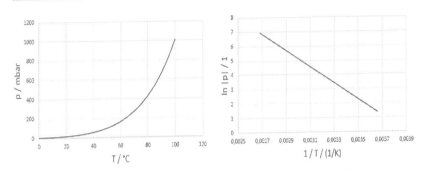

Abb. 4.4 Berechnete Dampfdruckkurven (links exponentielle, rechts linearisierte Form)

Die mathematische Beziehung zwischen Temperatur und Dampfdruck wird durch das Gesetz von CLAUSIUS und CLAPEYRON beschrieben:

$$p_2 = p_1 \cdot e^{\frac{\Delta H_V}{R} \cdot \left(\frac{1}{T_1} - \frac{1}{T_2}\right)}$$

In solchen, einfachen Fällen lässt sich die Gleichung durch Bildung des Logarithmus linearisieren:

$$\ln(p_2) = \left(\ln(p_1) + \frac{\Delta H_V}{R \cdot T_1}\right) - \frac{\Delta H_V}{R} \cdot \frac{1}{T_2}$$

Dieser Zusammenhang ist nun linear mit $y = \ln(p_2)$, Steigung $m = \frac{\Delta H_V}{R}$, Achsenabschnitt $b = \left(\ln(p_1) + \frac{\Delta H_V}{R \cdot T_1}\right)$ und $x = \frac{1}{T_2}$ (die Funktion ist in der Abbildung oben im rechten Teil dargestellt) und erlaubt die Durchführung einer linearen Regression, wie im vorhergehenden Kapitel erläutert. Die Berechnung erfordert keine besonderen Funktionen, lediglich das richtige Setzen der Klammer ist evtl. etwas gewöhnungsbedürftig.

4.3 Fitten nicht linearer Zusammenhänge

Prinzipiell lässt sich die Überlegung „was nicht passt, wird passend (= linear) gemacht", auf alle Zusammenhänge anwenden. Schließlich bietet Excel neben der linearen auch andere, zum Beispiel eine polynomische Regression an. Damit lassen sich so ziemlich alle Zusammenhänge in einer Gleichung ausdrücken. Problematisch hierbei ist jedoch, dass es für diese Gleichungssysteme oft keine analytischen Lösungen, sondern nur Näherungslösungen gibt. Lösungen müssten also numerisch gefunden werden, die hier vorgestellten Methoden sind dann leider nicht bzw. nicht einfach anwendbar.

4.4 Linearitätstests

Weiter oben wurde bereits erwähnt, dass das Bestimmtheitsmaß in seiner Bedeutung häufig überschätzt wird. Wieso eigentlich? Es gibt doch an, wie gut die Messwerte zu einem Regressionsmodell passen. Das stimmt auch: Je näher der Maximalwert von 1 erreicht wird, desto besser passen die Daten zum gewählten, in der Praxis meist linearem Modell. Wird als Ergebnis einer linearen Kalibration ein r^2 von 0,9985 erhalten, haben Sie wahrscheinlich besser kalibriert als Ihr Nachbar mit einem r^2 von vielleicht nur 0,9751. Das Bestimmtheitsmaß ist jedoch prinzipiell nicht geeignet, um die Aussage „die Kalibration ist linear" zu treffen. Warum das? Ganz einfach: Je höher der Grad des verwendeten Polynoms ist, desto besser wir das r^2 sein. In manchen Fällen tritt zwar keine Verbesserung auf, eine quadratische (Polynom 2. Grades) oder gar eine kubische Regression (Polynom 3. Grades) wird aber niemals ein kleineres r^2 als die lineare Regression liefern (Abb. 4.5):

Die Abbildung zeigt, dass für den verwendeten Datensatz einer fotometrischen Bestimmung das Bestimmtheitsmaß mit dem Grad des Polynoms besser wird – aber niemand wird in einem solchen Fall den linearen Zusammenhang zugunsten eines Polynoms höherer Ordnung verwerfen wollen. Ähnlich verhält es sich bei der exponentiellen Zunahme des Dampfdrucks mit der Temperatur (Abb. 4.6):

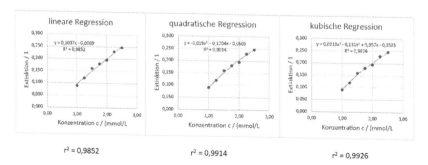

Abb. 4.5 Bestimmtheitsmaße für lineare, quadratische und kubische Regression eines Datensatzes

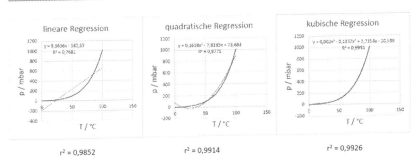

Abb. 4.6 Linearer, quadratischer und kubischer Fit einer Dampfdruckkurve

Offensichtlich ist ein Polynom 2. Grades nicht wirklich geeignet, um die Daten zu beschreiben. Eine Lineare Funktion schon gar nicht. Also handelt es sich doch ganz klar um ein Polynom 3. Grades, oder? Nein, wir „wissen" ja alle, dass der „wirkliche" Zusammenhang exponentiell ist (er liefert übrigens hier ein r^2 von 0,9929). Das Problem: Ein Polynom 4. Grades erzeugt ein noch besseres r^2 von 0,9999.

Dieses Spiel lässt sich beliebig fortsetzten, das Erkenntnis bleibt die Gleiche: r^2 wird umso besser, je höher der Grad des Polynoms ist, und ist daher nicht geeignet, die Annahme des linearen Zusammenhangs zu belegen oder zu widerlegen. Die praktische Frage sollte daher lauten: Wie groß ist der Fehler, den die Annahme des linearen Zusammenhangs verursacht? Hierzu wurden verschiedene Tests entwickelt, unter anderem derjenige der hier beschriebenen Punkt-zu-Punkt-Steigung[3]. Dabei werden für je 2 aufeinander folgende Messpunkte die Steigungen berechnet. Anschließend wird der Median dieser Steigungen ermittelt und die Abweichungen der Steigungen vom Median in einer Regelkarte aufgetragen. Oberer und unterer Toleranzwert der Abweichung werden sinnvoll gewählt. „Sinnvolle" Toleranzen können zum Beispiel die Genauigkeitsanforderungen der Analyse oder die Messunsicherheit der verwendeten Geräte sein. Besondere bzw. neue Excel-Funktionen sind hierfür nicht erforderlich, ein Tabellenblatt zur Durchführung dieses Tests ist daher recht simpel aufgebaut. Die Prüfung, ob die Toleranzen eingehalten werden, kann mit einer = WENN(UND(…))-Funktion durchgeführt werden. Die Syntax der kombinierten Funktionen lautet:

---

[3]Dieser Test ist zum Beispiel in der DIN 38504 – A51 von 2017 beschrieben und ersetzt den Test nach Mandel, der in älteren Normen empfohlen wird.

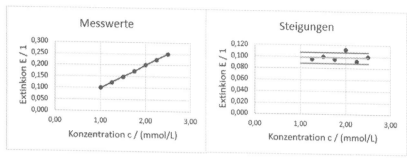

Abb. 4.7 Grafische Darstellung des Linearitätstests (links: Messdaten mit Punkt-zu-Punkt-Verbindungslinien, rechts: Punkt-zu-Punkt-Steigung mit oberer und unterer Schranke)

Funktion	Bemerkung
=WENN(UND(Bedingung1;Bedingung2);„Text1";Text2"	Prüft, ob zwei Bedingungen erfüllt sind. Falls ja, wird Text1 ausgegeben, falls nein Text2

Die Darstellung im Diagramm erfolgt analog zur Qualitätsregelkarte, allerding werden auf der Abszisse nun die Konzentrationen aufgetragen. Die Abbildung zeigt neben dem Diagramm mit dem eigentlichen Test auch die Messdaten. Das ist natürlich nicht nötig, kann aber durchaus informativ sein (Abb. 4.7):

Die Auftragung der Messwerte im linken Teil sehen visuell ziemlich gut aus, trotzdem wird der Test bei einer zulässigen Toleranz von 10 % nicht bestanden. Die Abbildung zeigt aber auch, dass hier durchaus der analytische Sachverstand gefragt ist: Bis auf einen schwanken alle Werte ziemlich zufällig um den Median. Aus einen einzigen, noch dazu im mittleren Drittel liegenden Messwert auf Nichtlinearität zu schließen dürfte evtl. etwas voreilig sein, wahrscheinlich handelt es sich hier schlicht um einen Ausreißer (Abb. 4.8).

Wie die Daten zeigen, ist die Abweichung von der „perfekten" Linearität recht gering, jeweils plus/minus ca. 0,01 Extinktionswerte – für fotometrische Messungen mehr als gute Werte. Dies zeigt übrigens auch, dass die häufige Forderung, „mindestens drei Mal die Neun" für das Bestimmheitsmaßes eine sehr strenge Forderung ist.[4]

---

[4]Zeigt aber eben auch, dass es hier nur von begrenzter Brauchbarkeit ist.

Standard Nr.	Konzentration c / (mmol/L)	Extinktion E / 1	Steigung
1	1,00	0,100	
2	1,25	0,124	0,096
3	1,50	0,149	0,100
4	1,75	0,173	0,096
5	2,00	0,201	0,112
6	2,25	0,224	0,092
7	2,50	0,249	0,100

Daten für Regelkarte	
Zulässige Abweichung in %	10
Obere Toleranzgrenze	0,1078
Untere Toleranzgrenze	0,0882

Median =	0,098
Bestimmtheitsmaß =	0,9997

Abb. 4.8 Aufbau eines Tabellenblattes zur Durchführung eines Linearitätstests

4.5 Vertrauensband

Nach Abarbeiten der bisherigen Schritte der Regressionsanalyse steht nun eine (mehr oder weniger) zuverlässige Geradengleichung zur Verfügung:

$$y = m \cdot x + b$$

Zur Sicherheit nochmal die Abgrenzung zu Kalibrier- und Analysenfunktion: Beide werden dann verwendet, wenn konkrete Messdaten zur Verfügung stehen; so lautet beispielsweise im Falle einer Fotometrischen Kalibration die Kalibrierfunktion

$$E = m \cdot c + b$$

und die Analysenfunktion

$$c = \frac{E - b}{m}$$

Da jeder Messwert fehlerbehaftet ist, gilt das natürlich auch für die daraus erhaltene Gleichung. Meist geht man bei einer Kalibration davon aus, dass die unabhängige Größe (die Konzentration) exakt ist, während die abhängige Größe (Extinktion) zufälligen Fehlern unterliegt. Das ist natürlich nicht zutreffend (zum Beispiel unterliegt die beim Ansetzen der Kalibrationslösungen benutzte Waage einem Fehler, Pipetten, Kolben und Büretten sowieso). Beides wird jedoch durch die Regressionsrechnung berücksichtigt – umso wichtiger ist es daher, nicht etwa bei der Kalibrierung einfach die Achsen zu vertauschen, um sich das „umständliche Umstellen" der Kalibrier- in die Analysefunktion ersparen.

Der Fehler bzw. die Unsicherheit in der Geradengleichung wird durch das sogenannte Prognoseintervall[5] ausgedrückt. Dieses gibt die Abweichung der abhängigen Größe „nach oben" bzw. „nach unten" an.

$$y_{1,2} = (m \cdot x + b) \pm s_R \cdot t \cdot \sqrt{\frac{1}{n_K} + \frac{1}{n_B} + \frac{(x - \bar{x})^2}{Q_{xx}}}$$

Der Mittelwert der x-Werte errechnet sich analog zum Vorgehen bei den Einzelmessungen mit = MITTELWERT und entspricht der Mitte des Kalibrierbereichs (bei einer ungeraden Anzahl äquidistanter Kalibrielösungen also einfach der in der Mitte liegende Standard).

In der Gleichung ist mit n_K die Anzahl der Kalibrierlösungen und mit n_B die Anzahl der Bestimmungen pro Probelösung (falls diese mehrfach bestimmt werden). Q_{xx} ist eine Quadratsumme und berechnet sich zu

$$Q_{xx} = \sum x_i^2 + \frac{\left(\sum x_i\right)^2}{N}$$

s_R ist die Reststandardabweichung, sie hat für Kalibrationsdaten eine analoge Bedeutung wie die Standardabweichung bei wiederholten Einzelmessungen.

$$s_R = \sqrt{\frac{\sum (y_i - (m \cdot x_i - b))^2}{n - 2}}$$

n ist hier die Anzahl der Messwerte. Der Term der inneren Klammer entspricht dem berechneten y-Wert an der Stelle x_i; die äußere Klammer stellt also die Differenz „gemessen minus berechnet" dar. Dies ist nichts anderes als ein Residuum! Die Reststandardabweichung lässt sich daher als mittlere Abweichung zwischen gemessenem und berechnetem Wert auffassen.

Die Berechnung mit Excel erfordert eine Mischung aus fertigen Funktionen und manueller Formeleingabe, da nicht für alle benötigten (Hilfs)Größen eine Funktion zur Verfügung steht. Bei der Erstellung eines Tabellenblattes sollte generell vorher überlegt werden, ob alle Größen dargestellt werden sollen oder ob

---

[5]Oft auch als Vertrauensband bezeichnet. Prognoseintervalle haben bei Kalibrationsdaten die analoge Bedeutung wie Vertrauensgrenzen bei Einzelmessungen.

nur die Eingabegrößen (sprich Kalibrationsdaten) und die Ergebnisse interessant sind. Wer ein Tabellenblatt erstmalig erstellt, wird wohl eher auch die Hilfsgrößen explizit berechnen und anzeigen. Das Ausblenden nicht benötigter Größen im Anschluss ist dann schneller erledigt als eine eventuelle aufwändige Fehlersuche.

Die folgende Abbildung zeigt den möglichen Aufbau eins Tabellenblattes incl. einiger Hilfswerte, die vor allem bei ersten „Gehversuchen" durchaus hilfreich sein können (Abb. 4.9).

Alle hier dargestellten Werte wurden durch Eingabe der oben genannten Formeln (natürlich mit Zellenbezug) berechnet. Die verwendeten Hilfsgrößen

	A	B	C	D	E	F	G	H	I
3		Standard Nr.	Konzentration	Extinktion E / 1		Residuum	Quadriertes	Prognoseintervall	
4		Nr.	c / (mmol/L)	gemessen	berechnet		Residuum	oben	unten
6		1	1,00	0,090	0,098	-0,008	0,000067	0,111	0,085
7		2	1,25	0,120	0,124	-0,004	0,000017	0,134	0,114
8		3	1,50	0,160	0,150	0,010	0,000099	0,158	0,142
9		4	1,75	0,190	0,176	0,014	0,000196	0,183	0,169
10		5	2,00	0,195	0,202	-0,007	0,000048	0,210	0,194
11		6	2,25	0,230	0,228	0,002	0,000005	0,238	0,218
12		7	2,50	0,247	0,254	-0,007	0,000046	0,267	0,241
13						$\Sigma =$	0,000478		

Abb. 4.9 Möglicher Aufbau eines Tabellenblattes zur Berechnung von oberem und unterem Prognoseintervall

Regressionsparameter

Steigung m =	0,1037	=STEIGUNG($D$6:$D$12;$C$6:$C$12)
Achsenabschnitt b =	-0,0055	=ACHSENABSCHNITT($D$6:$D$12;$C$6:$C$12)

Hilfsgrößen

Arbeitsbereichsmitte =	1,75	=MITTELWERT($C$6:$C$12)
$\Sigma x_i^2 =$	23,19	={$C$6^2+$C$7^2+$C$8^2+$C$9^2+$C$10^2+$C$11^2+$C$12^2}
$(\Sigma x_i)^2 =$	21,44	=SUMME($C$6:$C$12)^2/ANZAHL($C$6:$C$12)
Qxx =	1,75	=$D$21-$D$22
Reststandardabweichung s_R =	0,0097761	=WURZEL($G$13/(ANZAHL($C$6:$C$12)-2))
Irrtumswahrscheinlichkeit α =	5,00 %	Manuelle Eingabe
Stichprobenumfang =	7	=ANZAHL($C$6:$C$12)
Signifikanzniveau =	0,007	=($D$25/100)/$D$26
Anzahl Freiheitsgrade =	5	=$D$26-2
krit. t-Wert =	3,6805	=$D$26-2
Student-t-Faktor =	1,9381	=($D$26-1)*$D$29/(WURZEL($D$26*($D$28+$D$29^2)))

Abb. 4.10 Verwendete Hilfsgrößen sowie zur Berechnung verwendete Formeln

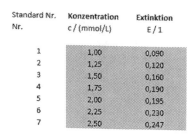

Standard Nr.	Konzentration	Extinktion
Nr.	c / (mmol/L)	E / 1
1	1,00	0,090
2	1,25	0,120
3	1,50	0,160
4	1,75	0,190
5	2,00	0,195
6	2,25	0,230
7	2,50	0,247

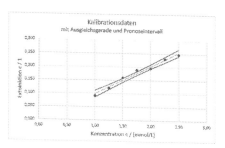

Abb. 4.11 Links: Tabelle mit Kalibrationsdaten, rechts: Diagramm mit Prognoseintervall

inclusive der zu ihrer Berechnung benötigten Formel sind in der nächsten Abbildung dargestellt (Abb. 4.10):

Dieser komplette Teil ist für den Anwender, der nur am Prognoseintervall interessiert ist, nicht unbedingt relevant und kann ausgeblendet werden. Eine „entschlackte" Version kann dann z. B. so aussehen (Abb. 4.11):

Prognoseintervalle zeigen typischerweise einen trichter- oder hyperbelförmigen Verlauf (der jedoch nicht unbedingt deutlich ausgeprägt sein muss). Die etwas unmathematische Begründung ist, dass Werte in der Mitte sowohl „von rechts" als auch „von links" gestützt werden, Werte außerhalb der Mitte aber nicht. Messungen am oberen und unteren Ende des Kalibrationsbereichs sind stets weniger abgesichert als im mittleren Bereich.

Was bringt nun das Prognoseintervall außer zwei zusätzlichen Linien im Diagramm? Es ist ein Hilfsmittel zur Angabe des Analysenresultats sowie zur Prüfung auf Ausreißer. Beides ist in den folgenden Kapiteln erläutert.

4.6 Ausreißertest nach Huber

Der Ausreißertest nach Grubbs testet bei Mehrfachbestimmungen auf Ausreißer. Beim Kalibrieren muss nun unterschieden werden, ob Standards gleicher Konzentration mehrfach angesetzt und gemessen (oder auch nur mehrfach gemessen) werden, ob Standards verschiedener Konzentration einfach gemessen oder ob Standards verschiedener Konzentration mehrfach gemessen werden: Im ersten Fall wird ein Grubbs-Test durchgeführt. Im zweiten Fall wird ein Ausreißertest nach Huber durchgeführt. Und im dritten Fall? Beides: zunächst erfolgt ein Grubbs- (bzw. ein Nalimov-)Test für die Mehrfachbestimmungen. Danach liegen für jede Konzentration Mittelwerte vor, die dann mit dem Huber-Test geprüft werden.

Wie funktioniert der Test nach HUBER? Rein mathematisch würde auch hier wieder die Ermittlung einer Prüfgröße anstehen, die anschließend mit einer Vergleichsgröße aus dem Student t-Test verglichen wird. Huber selbst hat jedoch eine Alternative zu diesem Verfahren vorgeschlagen: Liegt ein Wert außerhalb des Prognoseintervalls, so handelt es sich um einem Ausreißer, da die Breite des Prognoseintervalls (unter anderem) von der Irrtumswahrscheinlichkeit bzw. dem Signifikanzniveau abhängt. Da das Prognoseintervall gerade berechnet wurde, ist diese Variante nun natürlich sehr schnell durchgeführt. Es genügt eine Ergänzung des Tabellenblattes um eine Spalte, in der mit durch Kombination der Funktionen = WENN und = UND geprüft (zur Syntax vgl. Kapitel „Linearitätstests) wird, ob sich ein Wert innerhalb des Prognoseintervalls befindet. Wie die Abbildung zeigt, lässt die Erweiterung ohne großen Aufwand vornehmen (Abb. 4.12):

Der Huber-Test ist zwar sehr einfach durchzuführen, zeigt jedoch einige Besonderheiten. Grundsätzlich sollte die Bestimmung des Prognoseintervalls ohne den potentiellen Ausreißer erfolgen. Dieser Wert ist aber nicht immer einfach zu bestimmen. Der Abstand zur Trendlinie (also das Residuum) st nur

F	G	H	I	J	K	L
berechnet	Residuum	Quadriertes Residuum	Prognoseintervall oben	unten	Ausreißertest	
0,097	-0,007	0,000046	0,107	0,087	kein Ausreißer	
0,123	-0,003	0,000007	0,131	0,115	kein Ausreißer	
0,149	0,011	0,000129	0,155	0,142	Ausreißer	
0,175	0,005	0,000029	0,180	0,169	kein Ausreißer	
0,201	-0,006	0,000030	0,207	0,194	kein Ausreißer	
0,226	0,004	0,000013	0,234	0,219	kein Ausreißer	
0,252	-0,005	0,000029	0,262	0,242	kein Ausreißer	
	Σ =	0,000284				

=WENN(UND(D6<I6;D6>J6);"kein Ausreißer";"Ausreißer")

Abb. 4.12 Ausreißer-Test nach HUBER (markierter Bereich) bei vorhandenem Prognoseintervall. Die Formel ist in jeder Zelle entsprechend einzufügen

bedingt brauchbar, Grund hierfür ist der schlauchförmige Verlauf des Prognosebandes: Ein Wert an dessen Anfang oder Ende kann eine größere Abweichung von der Trendlinie haben als ein Wert in der Mitte, bevor er als Ausreißer gilt. Um also einen potenziellen „Kandidaten" zu identifizieren, wird daher das Prognoseintervall benötigt, zu dessen Bestimmung aber genau dieser Wert eigentlich gar nicht erst verwendet werden sollte. Um diesen Zirkelschluss zu vermeiden, werden hier alle Messwerte verwendet. Mehr Messwerte erzeigen im Allgemeinen ein (meist minimal) engeres Prognoseintervall. Dies erhöht zwar das Risiko, einen Wert falsch positiv als Ausreißer zu erkennen, wirkt sich aber im Umkehrschluss entweder gar nicht oder positiv auf die Analyse aus[6]. Weiterhin kann der Test auch durchaus mehrere Ausreißer produzieren. In diesem Fall ist zunächst derjenige mit der größeren Entfernung zum Prognoseband zu entfernen. In aller Regel ist dann die Messung bzw. die Messreihe zu wiederholen und erneut zu prüfen. Wer das Risiko eingehen möchte (oder schlicht keine Zeit mehr hat…) führt die Bestimmung des Prognosebandes ohne diesen (ersten) Ausreißer nochmals durch, prüft, ob der zweite Ausreißer bestätigt wird, entfernt ggf. auch diesen usw. Ob eine um zwei Werte verminderte Kalibration dann noch den Anforderungen genügt ist natürlich eine ganz andere Sache…

4.7   Reststandard, absolute und relative Verfahrensstandardabweichung

Die Reststandardabweichung S_R, wurde bereits bei der Berechnung des Prognosebandes benötigt:

$$s_R = \sqrt{\frac{\sum (y_i - (m \cdot x_i - b))^2}{n-2}}$$

Sie hat für die lineare Kalibration die gleiche Bedeutung wie die Standardabweichung bei wiederholten Einzelmessungen. Aus dieser und der Steigung m der Ausgleichsgeraden (die ebenfalls bei der Berechnung des Prognosebandes bereits benötigt wurde), ergibt sich die (absolute) Verfahrensstandardabweichung $s_{R,x}$:

$$s_{R,x} = \frac{s_R}{m}$$

---

[6]Das ist zwar mathematisch nicht ganz sauber, dient aber dem eigentlichen Ziel.

Die Steigung m der Ausgleichsgerades lässt sich als Empfindlichkeit des Verfahrens ansehen: Eine Gerade mit „hoher" Steigung bewirkt bei „kleinen" Änderungen der Merkmalsgröße (z. B. Konzentration) eine „große" Änderung der Messgröße (z. B. Extinktion), d. h. die Messreihe ist empfindlicher als eine mit geringerer Steigung[7].

Ähnlich wie absolute und relative Standardabweichung hängen auch absolute und relative Verfahrensstandardabweichung zusammen[8]:

$$V = \frac{S_{R,x}}{\bar{x}}$$

bzw.

$$V = \frac{S_{R,x}}{\bar{x}} \cdot 100\,\%$$

Die relative Verfahrensstandardabweichung entspricht also einer relativen Empfindlichkeit. Sie ist beispielweise dann relevant, wenn an verschiedenen Tagen oder von verschiedenen Personen durchführte Messungen miteinander verglichen werden sollen. Vor allem die Bestimmung an verschieden, aufeinanderfolgenden Tagen oder Wochen kann wertvolle Informationen darüber liefern, ob ein Trend vorliegt wie zum Beispiel durch Konzentrationsveränderungen in Stammlösungen oder durch Alterung des Analyten.

4.8 Bestimmung der Nachweisgrenze aus Kalibrationsdaten

In Kap. 1 wurde beschrieben, wie sich die Nachweisgrenze anhand festgelegter Werte für den α- und den β-Fehler unter der Annahme normalverteilter Messwerte bestimmen lässt. Da normalverteilte Messwerte in der Praxis zwar häufig auftreten, ihr Mittelwert aber oft (aufgrund zu weniger Messwerte) nicht mit zufriedenstellender Zuverlässigkeit bestimmt werden kann[9], wird in der Praxis oft einfach die dreifache Standardabweichung des Blindwertes auf dessen Mittelwert aufgeschlagen.

---

[7]Ob es damit auch genauer (vgl. Kap. 1) wird, ist eine andere Frage.

[8]Im Zähler steht die Messbereichsmitte.

[9]Aufpassen: Natürlich lässt sich ein Mittelwert genau berechnen. Wenn dieser jedoch aus nur wenigen Einzelwerten berechnet wird, besteht ein nicht vernachlässigbares Risiko, dass dieser Mittelwert merklich vom wahren Wert abweicht.

Im Falle einer Einpunkt-Kalibration ist dies durchaus sinnvoll. Stehen jedoch die Daten einer Mehrpunkt-Kalibration zur Verfügung, bietet es sich natürlich an, diese auch zu verwenden. Die hier beschriebene Methode wird daher als Kalibriergeradenmethode bezeichnet. Die Nachweisgrenze ergibt sich aus dem Toleranzbereich der Kalibriergeraden[10]. Diese Methode ist auf alle üblichen Kalibrationsmethoden anwendbar, also die „normale" Kalibration mit externem Standard, die Kalibration durch Standardaddition und die Kalibration mit internem Standard.

Benötigt werden also lediglich Daten, die im bisherigen Verlauf bereits bestimmt wurden bzw. die sich aus diesen einfach berechnen lassen. Zunächst wird eine so genannte kritische Messgröße y_c (z. B. Extinktion) berechnet. Diese entspricht der oberen Prognosegrenze bei der Merkmalsgröße (hier Konzentration) $x = 0$.

$$y_c = y_0 + \Delta y = y_0 + s_R \cdot t \cdot \sqrt{\frac{1}{n} + \frac{1}{m} + \frac{\bar{x}^2}{\sum (x_i - \bar{x})^2}}$$

Mit

y_c = kritischer Wert der abhängigen Größe/Extinktion Kalibrationslösung (Standard) i an der Nachweisgrenze

y_0 = aus der Kalibrationsgeraden berechnete Extinktion für die Konzentration $x = 0$ (also der Achsenabschnitt)

s_R = Standardabweichung

t = Student t-Faktor (Abhängig von der Zahl der Freiheitsgrade f und der Irrtumswahrscheinlichkeit α)

n = Anzahl der Messwerte

m = Anzahl der Parallelbestimmungen[11]

$\bar{x}$ = Mittelwert (Mitte des Arbeitsbereiches)

x_i Messwert eines Kalibrationsstandards.

Der so berechnete Wert wird dann in die nach x umgestellte Formel der Kalibriergeraden eingesetzt und liefert als Ergebnis die Nachweisgrenze x_N:

---

[10]Häufig wird auch die Leerprobenmethode verwendet. Die Nachweisgrenze ergibt sich dann aus der Standardabweichung mehrerer Messungen einer Blindprobe, welche den Analyten nicht enthält.

[11]Wird zum Beispiel bei einer 5-Punkt-Kalibration jeder Punkt drei Mal gemessen, liegen 15 Messwerte und drei Parallelbestimmungen vor.

$$y_c = m_{cal} \cdot x_N + b$$

bzw.

$$x_N = \frac{y_c - b}{m_{cal}}$$

Zur Berechnung der Erfassungsgrenze wird, wie in Kap. 1 schon begründet, einfach der Wert der Nachweisgrenze mit zwei multipliziert:

$$x_E = 2 \cdot x_N$$

Der konstante Faktor ergibt sich, da die Fehlergrenzen für beide Werte festgelegt sind. Etwas anders sieht es im Falle der Bestimmungsgrenze aus, da hier der zulässige Fehler durch den Anwender (prinzipiell) frei festgelegt werden kann. Der k-Faktor (genauer: dessen Kehrwert) ist ein Maß für die zugelassene Abweichung und legt die maximal zugelassene Abweichung Δx_B der Bestimmungsgrenze fest:

$$\frac{1}{k} = \frac{\Delta x_B}{x_B}$$

Häufig wird ein k-Faktor von 3 eingesetzt, dies entspricht immerhin einer relativen Messunsicherheit von:

$$rel.MU = \frac{1}{k} \cdot 100\,\% = \frac{1}{3} \cdot 100\,\% = 33{,}3\,\%$$

Berechnen lässt sich die Bestimmungsgrenze einfach durch Multiplikation der Nachweisgrenze mit dem k-Faktor:

$$x_B = k \cdot x_N$$

Auch diese Größen lassen sich einfach in das Tabellenblatt zur Bestimmung des Prognosebandes incl. Ausreisertest integrieren, das Ganze könnte zum Beispiel so aussehen (Abb. 4.13):

Die Abbildung zeigt das erweiterte Tabellenblatt der vorigen Kapitel, Nebenrechnungen sind im unteren Teil „versteckt". Die Daten zeigen übrigens ein so durchaus nicht unrealistisches Ergebnis: Der Messwert 0,174 bei Standard Nr. 4 weicht weniger von seinem „Sollwert" ab als der Messwert von Standard Nr. 6. Das Prognoseband ist in der Messbereichsmitte so schmal, dass manchmal schon sehr kleine Abweichungen von der Kalibrationsgeraden als Ausreißer detektiert werde, obwohl sie auf die Gerade selbst keinen relevanten Einfluss haben. Auch dies ist kann die Folge einer „zu guten" Messung sein…

Bestimmung des ausreißerverdächtigen Wertes

Standard Nr. Nr.	Konzentration c / (mmol/L)	Extinktion E/1	
1	1,00	0,099	kein Ausreißer
2	1,25	0,125	kein Ausreißer
3	1,50	0,149	kein Ausreißer
4	1,75	0,174	Ausreißer
5	2,00	0,195	kein Ausreißer
6	2,25	0,221	kein Ausreißer
7	2,50	0,240	kein Ausreißer

Nachweis-, Erfasungs, und Bestimmungsgrenze

oberes Prognoseintervall bei x = 0	0,003
krit. Extinktion	0,009
Nachweisgrenze	-0,060
Erfassungsgrenze	-0,120
k-Wert	3
relative Messunsicherheit	33,3 %
Bestimmungsgrenze	-0,180

Abb. 4.13 Tabellenblatt zur Berechnung von Nachweis-, Erfassungs- und Bestimmungsgrenze incl. Ausreißertest

```
=($D$46*$D$52*WURZEL((1/$D$48)+(($C29-$D$42)^2/$D$45)))
=ACHSENABSCHNITT($D$7:$D$13;$C$7:$C$13)+$E$17
=($E$18-ACHSENABSCHNITT($D$7:$D$13;$C$7:$C$13)/STEIGUNG($D$7:$D$13;$C$7:$C$13))
=2*$E$19
```

```
=2*$E$19
=$E$21*$E$19
```

Abb. 4.14 Formeln zur Berechnung von Nachweis-, Erfassungs- und Bestimmungsgrenze. Die Zellenangaben beziehen sich auf das oben gezeigte Tabellenblatt

Der Vollständigkeit halber hier noch die verwendeten Formeln als screenshot, wieder verbunden mit dem Tipp: Arbeiten Sie sich schrittweise voran durch Verwendung von Hilfsgrößen (Abb. 4.14).

4.9   Angabe des Analysenresultates II

Das Analysenresultat der linearen Kalibration wird entsprechend des Prognose-intervalls berechnet bzw. angegeben, daher ist auch die Berechnungsformel ähn-lich. Zunächst wird das nun als Vertrauensintervall bezeichnete Prognoseintervall der Probe berechnet:

$$\Delta x = s_R \cdot t_{\alpha,f} \cdot \sqrt{\frac{1}{n_P} + \frac{1}{n_S} + \frac{(\bar{y}_P - \bar{y}_S)^2}{m^2 \cdot \sum (x_i - \bar{x})^2}}$$

mit

Δx	= aus der Kalibrationsgeraden berechnete Extinktion für die Konzentration x = 0 (also der Achsenabschnitt)
s_R	= Reststandardabweichung
$t_{\alpha,f}$	= Student t-Faktor (Abhängig von der Zahl der Freiheitsgrade f und der Irrtumswahrscheinlichkeit α)
n_P	= 1 bzw. Anzahl der Messungen der Probe
n_S	= Anzahl der Standards
$(\bar{y}_P - \bar{y}_S)^2$	= Quadrierte Differenz aus Wert bzw. Mittelwert der Extinktion der Probe und Mittelwerte der Extinktionen der Standards
m	= Steigung der Kalibriergeraden
$\sum (x_i - \bar{x})^2$	= Summe der quadrierten Differenzen aus Konzentrationen der Standards und Mittelwert der Konzentrationen der Standards (bzw. Kalibrationsbereichsmitte)

Das Ergebnis selbst ergibt sich durch Umstellen der Kalibrierfunktion zu

$$x_P = \frac{\bar{y}_P - b}{m}$$

wobei b der Achsenabschnitt der Kalibriergeraden ist. Obige Angabe enthält nur den reinen Wert, besser ist natürlich auch hier in Analogie zu Kapitel zwei wieder die Berücksichtigung des Vertrauensintervalls incl. der Irrtumswahrscheinlich-keiten (wie immer meist 1 %, 5 % oder 10 %) in der Form:

$$x_P = \frac{\bar{y}_P - b}{m} \pm \Delta x (1 - \alpha)$$

Strategie

5

Grundsätzlich lohnt es sich, bereits vor dem Ansetzen von Lösungen und der Durchführung der Messungen einige allgemeine Überlegungen zum Gang der Analyse anzustellen. Früher oder später werden dem Studenten oder Labormitarbeiter zwar alle in diesen essential beschriebenen Methoden begegnen. Das bedeutet aber weder, dass dies sofort der Fall sein wird und auch nicht, dass immer alle Methoden zur Anwendung kommen.

Üblicherweise fängt es in Schule oder Ausbildung recht harmlos an, zum Beispiel mit Mehrfachbestimmungen in Form einer Säure-Base-Titration. Die Probe wird zum Beispiel in einem 100 mL Messkolben ausgegeben und pro Bestimmung werden 25 mL Aliquot benötigt. Nach drei Bestimmungen ist also Schluss. Je nachdem wie sorgfältig titriert wurde, stimmen die Werte mehr oder weniger überein. Ein Prüfen auf Normalverteilung mach hier keinen Sinn. Viel wichtiger ist es, die eigenen Ergebnisse kritisch zu prüfen: Wurde die erste Titration schneller durchgeführt, um den ungefähren Bereich zu bestimmen? War der Umschlagspunkt eindeutig zu erkennen? Hing der letzte Tropfen vielleicht doch noch unten an der Bürette? Wer sicher ist, alle Bestimmungen unter *gleichen* (!) Bedingungen durchgeführt zu haben, kann beruhigt die im Kapitel zwei beschriebenen Methoden anwenden.

Vielleicht steht aber auch ein 5-L-Kolben mit Probe zur Verfügung, damit eine ganze Gruppe von, sagen wir 20 Schülern, den Gehalt bestimmen kann. Dann kann jeder problemlos mindestens drei Mal sauber titrieren und am Ende stehen 60 Werte zur Verfügung. Damit lässt sich statistisch schon sehr viel mehr anfangen und es bieten sich die Methoden an, die im Kapitel drei beschrieben sind.

Die in Kapitel vier besprochenen Methoden schließlich beziehen sich auf alles, was dem Gebiet der linearen Kalibration zugeordnet werden kann. Die

© Springer Fachmedien Wiesbaden GmbH, ein Teil von Springer Nature 2020
T. Hecht, *Elementare statistische Bewertung von Messdaten der analytischen Chemie mit Excel*, essentials, https://doi.org/10.1007/978-3-658-30459-1_5

Linearität kann entweder direkt vorliegen, wie zum Beispiel bei Messungen auf Basis des LAMBERT-BEERschen-Gesetzes oder auch indirekt durch Umrechnung der Messgrößen (wie zum Beispiel bei Dampfdruckmessungen mithilfe des Zusammenhangs von CLAUSIUS und CLAPEYRON). Die Methoden lassen sich sowohl auf die „normale" lineare Kalibration mit externem Standard, aber auch auf die Kalibration mit internem Standard oder die Standardaddition, also auf alle im analytischen Labor üblichen Kalibrationsmethoden anwenden.

An dieser Stelle noch ein Wort zum Umgang mit Excel: Viele Wege führen zum Ziel. Alles, was hier beschrieben ist, lässt sich sowohl einfacher als auch komplizierter gestalten. Vor allem in Kapitel drei und vier wird häufig mit Hilfsgrößen gearbeitet. Gerade am Anfang kann es hilfreich sein, eher mit mehr als mit weniger Hilfsgrößen zu arbeiten, um den Überblick nicht zu verlieren. Jedoch ist deren explizite Berechnung in separaten Zellenbereichen nicht erforderlich, sodass mit zunehmender Erfahrung die Anzahl der Zellen mit Hilfsgrößen bestimmt abnehmen und die Komplexität der Formeln zunehmen wird. Spielen Sie ruhig etwas herum! Und nun viel Spaß beim Nachrechnen und viel Erfolg beim Messen!

Quellen

Für alle, die etwas tiefer einsteigen möchten, hier noch einige (durchaus subjektiv ausgewählte) Bücher zum Thema Messdaten und deren Auswertung im chemisch-analytischen Labor.

Eher allgemein die Analytische Chemie behandelt der Küster-Thiel:

- F.W. Küster, A. Thiel, A. Ruland, *Rechentafeln für die chemische Analytik*, Walter de Gruyter, Berlin New York, 105. Auflage **2003**

Einen sehr einfach gehaltenen Zugang zum Erstellen von Excel-Tabellen und zur Auswertung allgemein liefert auch:

- Klaus Brink, Gerhard Fastert, Eckhard Ignatowitz, *Technische Mathematik und Datenauswertung für Laborberufe*, Verlag Europa Lehrmittel, Haan-Gruyren, 6. Auflage **2012**

Mathematisch etwas anspruchsvollere, aber immer noch praxisbezogene Informationen liefert zum Beispiel:

- W. Funk, V. Dammann, G. Donnevert, Qualitätssicherung in der analytischen Chemie, Wiley-VCH Verlag GmbH, 2., vollständig überarbeitete und erweiterte Auflage, Weinheim **2005**

Wer tiefer in das Gebiet Statistik mit Excel einsteigen möchte wird sicherlich hier fündig:

© Springer Fachmedien Wiesbaden GmbH, ein Teil von Springer Nature 2020
T. Hecht, *Elementare statistische Bewertung von Messdaten der analytischen Chemie mit Excel*, essentials, https://doi.org/10.1007/978-3-658-30459-1_6

- Joseph Schmuller *Statistik mit Excel für dummies*, Verlag Wiley-VCH, 2. Auflage **2017**

Und zu guter Letzt mein Lieblingsbuch:

- R. Kaiser, G. Gottschalk, *Elementare Tests zur Beurteilung von Meßdaten*, Bibliographisches Institut, Mannheim **1972**

Dieses Buch („Büchlein" wäre angebrachter…) ist eine kurze, knappe und trotzdem ziemlich vollständige „Erste-Hilfe" zur statistischen Behandlung von Messdaten. Es war meine Motivation zum Schreiben des vorliegenden essentials. Vielen Dank an die beiden Autoren – dieses essential stellt den hoffentlich nicht allzu misslungenen Versuch dar, ein Taschenbuch von 1972 in das 21. Jahrhundert zu übersetzen.

Was Sie aus diesem *essential* mitnehmen können

Wenn Sie dieses essential nicht nur durch*lesen*, sondern auch durch*arbeiten*, sollten Sie in der Lage sein

- Qualifiziert zu beurteilen, welche Auswertung für welche Messdaten sinnvoll ist
- Die Auswertung mit Excel durchzuführen
- Selbständig und bedarfsorientiert die vorgestellten Methoden zu kombinieren

Wenn Sie nun sogar noch etwas Interesse an der Schnittmenge aus Statistik, Excel und Auswertung von Messdaten gefunden haben und tiefer einsteigen möchten, finden Sie in der Literaturliste sicherlich weitere Beispiele und Vertiefungsmöglichkeiten.

© Springer Fachmedien Wiesbaden GmbH, ein Teil von Springer Nature 2020   71
T. Hecht, *Elementare statistische Bewertung von Messdaten der analytischen Chemie mit Excel,* essentials, https://doi.org/10.1007/978-3-658-30459-1

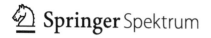

Printed in the United States
By Bookmasters